Die in den Sitzungsberichten Abtlg. I und Abtlg. II der math.-nat. Klasse der Österr. Ak. d. Wiss. erscheinenden Abhandlungen werden auch einzeln abgegeben. Sie können durch jede Buchhandlung oder direkt durch die Auslieferungsstelle der Österreichischen Akademie der Wissenschaften(1010 Wien, Mölkerbastei 5) bezogen werden.

Nachfolgende Abhandlungen aus dem Fache **Paläontologie** sind erschienen:

1955 (S I Bd. 164):

Bachmayer F., Die fossilen Asseln aus den Oberjuraschichten von Ernstbrunn in Niederösterreich und von Stramberg in Mähren (mit 9 Textabbildungen und 6 Tafeln). S 26.60
Beier M., Insektenreste aus der Hallstattzeit (mit 4 Abbildungen und 2 Tafeln). S 6.40
Herre W., Die Fauna der miozänen Spaltenfüllung von Neudorf a. d. March (ČSR), Amphibila (Urodela) (mit 6 Textabbildungen). S 14.80
Kühn O., Die Bryozoen der Retzer Sande (mit 2 Tafeln). S 14.10
Papp A., Orbitoiden aus der Oberkreide der Ostalpen (Gosauschichten) (mit 3 Tafeln). S 12.20
Papp A., Die Foraminiferenfauna von Guttaring und Klein St. Paul (Kärnten): IV. Biostratigraphische Ergebnisse in der Oberkreide und Bemerkungen über die Lagerung des Eozäns (mit 4 Textabbildungen). S 12.20
Plöchinger B., Eine neue Subspezies des Barroisiceras haberfellneri v. Hauer aus dem Oberconiader Gosau Salzburgs (mit 2 Textabbildungen und 1 Tafel). S 4.40
Tollmann A., Die Foraminiferenentwicklung im Torton und Untersarmat in der Randfazies der Eisenstädter Bucht (mit 1 Textabbildung). S 6.70

1956 (S I Bd. 163):

Bernhauser A., Kann intravitaler Befall durch Bohrorganismen an fossilen Fischzähnen nachgewiesen werden? (mit 10 Textabbildungen). S 7.60
Thenius E., Zur Kenntnis der fossilen Braunbären (Ursidae, Mammal.) (mit 5 Textabbildungen und 1 Tafel). S 17.20
Thenius E., Die Suiden und Thayassuiden des steirischen Tertiärs. Beiträge zur Kenntnis der Säugetierreste des steirischen Tertiärs. VIII. (mit 31 Textabbildungen). S 25.—

1957 (S I Bd. 166):

Ehrenberg K., Berichte über Ausgrabungen in der Salzofenhöhle im Toten Gebirge. VIII. Bemerkungen zu den Ergebnissen der Sedimentuntersuchungen von Elisabeth Schmid. S 5.80
Schmid Elisabeth, Von den Sedimenten der Salzofenhöhle (mit 1 Textabbildung und 1 Beilage) S 14.—
Zapfe H. und Hürzeler J., Die Fauna der miozänen Spaltenfüllung von Neudorf a. d. M. (ČSR). Primates (mit 1 Tafel). S 10.20

1958 (S I Bd. 167):

Bakalow P., Kühn N. und Sachariewa K., Die Trias von Kotel (Ost-Balkan). I. Die unterkarnische Ammonitenfauna von Kotel (mit 4 Textabbildungen und 2 Tafeln). S 20.80
Bobies A. Carl, Bryozoenstudien III/2. Die Horneridae (Bryozoa) des Tortons im Wiener und Eisenstädter Becken (mit 3 Tafeln). S 20.70
Tiedt Liselotte, Die Nerineen der österreichischen Gosauschichten (mit 13 Textabbildungen und 3 Tafeln). S 29.60

1959 (S I Bd. 168):

Bachmayer F., Neue Crustaceen aus dem Jura von Stremberg (ČSR) (mit 2 Tafeln). S 13.50
Kühn O. und Pejović D., Zwei neue Rudisten aus Westserbien (mit 4 Textabbildungen und 4 Tafeln). S 17.80
Pokorny Gerhard, Die Actaeonellen der Gosauformation (mit 1 Textabbildung und 2 Tafeln). S 31.20

ISBN 978-3-662-23741-0   ISBN 978-3-662-25840-8 (eBook)
DOI 10.1007/978-3-662-25840-8

Eozänkorallen aus Österreich

Von OTHMAR KÜHN

(Naturhistorisches Museum Wien)

Mit 23 Figuren auf 4 Tafeln

(Vorgelegt in der Sitzung am 19. 12. 1966)

Abstract

All known Corals from the Eocene of Austria are described, the localities (Waschberg, Reingruberhöhe) only shortly. In the Waschberg-limestone of under-Eocene age, 9 corals are found, partly described by REUSS 1848 and nearly unknown. 7 are reef-corals, among them a new: *Montastrea bachmayeri*, and 2 *Pattalophyllia*, which by their big structure show also Reef-water condition. The glauconitic sandstone of the Reingruberhöhe, upper-Eocene, contains only 5 little solitary corals, among them 2 new: *Odontocyathus sieberi* and *Odontocyathus minor*.

Eozän war in den Alpen einst viel weiter verbreitet, ist aber heute bis auf geringe Spuren abgetragen, wie bereits TRAUTH 1918, W. E. PETRASCHECK 1929, R. JANOSCHEK 1932 und A. WINKLER-HERMADEN 1933, S. 260, betonten. Immer neue Reste werden entdeckt (KÜHN 1957), andere sind nur in Geröllen erhalten (F. TRAUTH 1918, W. E. PETRASCHECK 1929, R. JANOSCHEK 1932, W. JACOBSEN 1932, F. KAHLER 1938, 1949, F. TRAUB 1948). Während aber das Eozän im Südwesten und Süden (Vicentin, Friaul, Istrien, Dalmatien) wie im Südosten (Ungarn, Rumänien, Bulgarien, Griechenland) reich an Korallen ist, fehlen solche im österreichisch-alpinen Gebiet fast völlig. Neben der Überprüfung der wenigen bisherigen Angaben war zu erheben, ob dieses Fehlen bzw. geringe Vorkommen, hier stratigraphisch, klimatisch oder faziell bedingt ist.

I. Fundorte

Der westlichste der Fundorte, jener von Häring in Tirol, ist heute, besonders nach W. HEISSELS Untersuchungen (1951, 1957) insoferne geklärt, als seine tiefsten Lagen noch dem Eozän, die höheren Zementmergel dagegen bereits dem Oligozän angehören.

S. 22. F. v. HAUER gab die bis dahin beste Beschreibung des Kalkes 1858, S. 113, der selbst heute kaum mehr etwas anzufügen ist: „Vorwaltend braungrau, mitunter auch rötlichgrau und dunkelgrau gefärbt, beinahe durchgehends krystallinisch, bald von gröberem, bald von feinerem Korn; überall porös und luckig, die Wände aller Hohlräume mit Kalkspathkrystallen von der Form 2 R ausgekleidet. Einzelne Schichten zeigen sich beinahe brecienartig. Die Petrefacten-Fragmente und Stücke feinkörnigeren Kalksteines durch gröber krystallinische Masse verbunden. Im Kalksteine selbst, noch häufiger in den Zwischenlagen, finden sich eckige Trümmer und Geschiebe von Urgebirgsart, hauptsächlich Granit und Gneiss, dann auch Serpentin, Hornblendegestein, Quarz u. s. w." Er gab auch S. 114—115 eine Fossilliste[3]. Das Alter bezeichnet er als „Eocen", verglich seine Mollusken hauptsächlich mit Arten von La Palaraea und aus dem Lutetien des Pariser Beckens. REUSS meinte dagegen 1871, S. 1, in einem Rückblick auf seine Korallenarbeit von 1848: „Von denselben (den Korallen) gehören sechs dem Kalke des Waschberges bei Stockerau an, welcher nach meinen neueren Erfahrungen dem Oberoligocän, und zwar dem Horizonte von Castelgomberto im Vicentinischen zuzurechnen ist" — also ein Rückschritt gegenüber PARTSCH und HAUER. A. BITTNER 1892, S. 242, hält das Alter für „alteocän", auf Grund von nicht ganz überzeugenden 2 Funden, denn er gibt den obereozänen Schichten der Reingruberhöhe dasselbe Alter. Bei PAUL & BITTNER 1894 heißt es S. 32: „STUR[4] stellte nach den vollständigen paläontologischen Daten die Waschbergkalke in Verbindung mit RZEHAK ins Barton, während die oben erwähnten von BITTNER constatierten Formen auch tieferes Alter belegen." Sie melden auch, daß von UHLIG bestimmte Nummuliten für mittleres Eozän sprechen. M. F. GLAESSNER teilte dagegen 1937[5] mit, daß der Waschbergkalk nach Nummulitenbestimmungen von P. ROZLOZSNIK[6] nicht in das mittlere, sondern in das untere Eozän gehöre. So bezeichnete ihn R. GRILL auch 1953 auf Taf. 4 als Unter-Eozän, F. BACHMAYER 1961, S. 16, als Cuisien (= oberes

---

[3] In Schliffen wurden zahlreiche Foraminiferen, darunter wenige Nummuliten, ferner zahlreiche kleine Steinkerne von Bivalven, Reste von Gastropodenschalen und von Bryozoen- und Korallenskeletten beobachtet. Wie schon HAUER betonte, sind die korallenführenden Kalklagen sehr rein, führen nur gelegentlich Glaukonit; die anderen Gerölle liegen in den Zwischenlagen.

[4] D. STURS Manuskript wurde posthum 1894 von PAUL & BITTNER überarbeitet und herausgegeben.

[5] Teste GRILL 1953, S. 79.

[6] Schon DE LA HARPE hat 1880, S. 33, bei der Aufstellung des *Nummulites partschi* als Fundort auch den Waschberg genannt.

Ypresien); dasselbe tat A. PAPP 1962, S. 282, für das Vorkommen am Michelberg.

Die Korallen des Waschbergkalkes sind ungewöhnlich schlecht, bis auf ein Stück nur als Steinkerne oder Abdrücke erhalten[7]. Die seltenen Einzelkorallen (Trochocyathiden, Pattalophyllien) kann man mit Recht als Steinkerne bezeichnen. Ihre Ausfüllung liegt frei im Kalk oder ist mit diesem nur auf der Oberseite verbunden; seitlich sind sie durch einen feinen Hohlraum von der Matrix getrennt. Man kann daher die Oberseite des Kelches niemals direkt erkennen, sondern höchstens durch vorsichtiges Abschneiden und Anschleifen im Negativ beurteilen. Der Abdruck ist bei ihnen meistens ohne Details, mit Kalksandkörnern oder -schlieren überdeckt. So sind als einzige Merkmale im Negativ erkenntlich: Septenzahl und -dicke, Anordnung derselben, Zähnung und Granulationen, manchmal auch Endothek und Columella; letztere nicht immer, da sie durch die eindringende Sedimentmasse oft zerdrückt oder durch längs der Septen herabrinnende Kalklösung inkrustiert sind. Dasselbe gilt in noch stärkerem Maße von den Pali. Eine arge Erschwerung für die Erkenntnis des feineren Baues sind auch die Kalzitkristalle, die alle Teile des Steinkernes, von innen herauswachsend, bedecken.

Bei den überwiegenden, koloniebildenden Korallen (*Leptoria, Montastrea, Favia, Stylocoenia*) handelt es sich dagegen um reine Abdrücke. Von den Korallenkalken der Sammlungen ist die scheinbare dichte Kalkunterlage in Wirklichkeit die überdeckende Oberseite, die Wände der Vertiefungen zeigen die Seitenflächen der Einzelpolypare, die Erhebungen die Hohlräume der Kelche selbst an. Die Oberfläche der Kolonie ist nur sehr schwer zu präparieren; bloßes Abschleifen genügt nicht, da sie ja meistens uneben ist. Histologische Untersuchungen, wie sie namentlich ALLOITEAU auch für fossile Korallen fordert, sind bei Steinkernen und Abdrücken natürlich unmöglich; dadurch fällt eine Reihe wichtiger Merkmale von vornherein aus.

Zwei Korallen nehmen eine Ausnahmestellung ein: *Montastrea rudis* REUSS ist (vielleicht infolge ihres ungewöhnlich kräftigen Baues oder infolge lokal günstigerer Sedimentationsbedingungen) auch als Vollfossil erhalten. Ebenso *Actinacis spec.*, die aber in einem Kalkstück liegt, das im Waschbergkalk eingeschlossen, also vermutlich aus älteren Schichten aufgearbeitet ist.

---

[7] Schon REUSS schrieb 1871, S. 197, über seine Bestimmungen der Waschbergkorallen von 1848: „Sie sind durchaus auf Steinkerne gegründet, welche nur theilweise eine sichere Bestimmung gestatten."

Aus dem Waschbergkalk wurden die ersten Korallen durch
A. E. REUSS 1848 beschrieben. Die Originale dazu befinden sich
nach seinen Angaben im „k. k. Montanistischen Museum", das
später mit der Geologischen Reichs- bzw. Bundesanstalt vereinigt
wurde. Durch die Mühewaltung des Leiters des Museums derselben,
Herrn Prof. Dr. R. SIEBER, waren mir die noch dort befindlichen
Stücke zugänglich; leider waren es nicht mehr viele, durch die
Jahrzehnte und besonders durch die Bombenschäden im letzten
Krieg ging viel verloren. Mehr wurde in der geologisch-palaeontologischen Abteilung des Naturhistorischen Museums in Wien
gefunden, z. T. mit Etiketten von REUSS' Hand.

REUSS beschrieb 1848:
Maeandrina angigyra nov. spec. (= *Leptoria angigyra*),
Maeandrina reticulata nov. spec. (= *Leptoria reticulata*),
Astraea rudis nov. spec. (= *Montastrea rudis*),
Madrepora raristella DEFR. (= ?),
Madrepora taurinensis MICH. (= *Stylocoenia bistellata* CAT.),
Porites leiophylla nov. spec. (= *Actinacis*?)
und erwähnte mit flüchtiger oder gar keiner Beschreibung:
Astraea aff. funesta BRONGNIART,
Agaricia aff. apennina MICHELIN,
Agaricia aff. infundibuliformis MICHELIN,
Porites aff. deshayesiana MICHELIN,
Cladocora?,
Turbinolia?

1858 führte F. v. HAUER in seiner Zusammenfassung der
innerösterreichischen Eozänvorkommen auch den Waschberg an
und nannte daraus S. 115: *Astraea rudis* REUSS, *Astraea* ähnlich
funesta BRONGN., *Madrepora raristella* (? DEFR.), *Madrepora
taurinensis* (MICH.), *Meandrina angigyra* REUSS, *Meandrina reticulata* REUSS, *Porites leiophylla* REUSS, *Porites* ähnlich *deshayesiana*,
Agaricia ähnlich *apennina* MICH., *Agaricia infundibuliformis*
(MICH.), *Cladocora?*, *Turbinolia?*. Es scheint aber, daß HAUER
seine Liste ohne Überprüfung nur nach den früheren Angaben
von REUSS erstellt hat. Denn der einzige Unterschied, außer
einigen Namenskorrekturen, besteht darin, daß er *Agaricia infundibuliformis* als sicher, ohne Andeutung eines Unterschiedes
anführte, was in der späteren Literatur zu dem Zitat „*Agaricia
infundibuliformis* HAUER non BLAINVILLE" führte[8].

---

[8] Fossilium Catalogus 1925, S. 12. Die Arbeit von REUSS 1848 wurde im
Fossilium Catalogus von FELIX, wie in vielen anderen Arbeiten, nicht oder nur
z. T. berücksichtigt.

Auch D. STUR bzw. PAUL & BITTNER gaben 1894, S. 29, von Korallen nur die Liste von REUSS an. V. KOHN erwähnte in seiner Geologie des Waschberges 1911 keine Korallen[9], führte aber S. 126 von dem nördlicher gelegenen Praunsberg einen *Trochocyathus spec.* an, ,,selbe Form wie am Waschberg". Später erwähnte SCHLOSSER 1925, S. 9, bei *Pattalophyllia cyclolitoides* (BELL.) außer anderen Fundorten auch den Waschberg. Obwohl das Belegstück dazu nicht gefunden werden konnte, ist doch seine Angabe durch neuere Funde gerechtfertigt. Weiterhin gab noch F. BACHMAYER 1961, S. 17, vom Waschberg ,,zahlreiche Korallen" an, die er mir freundlicherweise zur Verfügung stellte.

Die Revision des gesamten vorliegenden Materials ergab, soweit überhaupt bestimmbar:

Name bei REUSS	Jetziger Name	Sammlungen[10]	Stückzahl
Maeandrina angigyra REUSS	*Leptoria angigyra* (REUSS)	NM, GBA	4
Maeandrina reticulata REUSS	*Leptoris reticulata* (REUSS)	NM, GBA	6
Astraea rudis REUSS	*Montastrea rudis* (REUSS)	NM	3
Madrepora taurinensis MICH.	*Stylocoenia bistellata* (CAT.)	NM, GBA	15
Dazu kamen neu:			
	Favia costata (D'ACH.)	NM	1
	Montastrea bachmayeri nov. spec.	NM	
	Pattalophyllia cyclolitoides (BELL.) OPPH.	NM, GBA	10
	Pattalophyllia leymeriei (MICH.) OPPH.	NM	4

Von zwei der bei REUSS beschriebenen Arten konnten weder der Typus noch sonstige Belege gefunden werden:

Madrepora raristella DEFR. (REUSS 1848, S. 4, 27, tab. 5, fig. 1a—b): FELIX zitiert zwar 1925, S. 457, bei *Stylophora raristella* DEFR. das gar nicht dazu passende Zitat von REUSS 1848; CHEVALIER, der die Art eingehend untersuchte, stellte aber 1961, S. 115, fest, daß REUSS' Form nicht dazu gehört, sich vielmehr durch weniger entwickelte und gebogene Rippen unterscheidet. Auffällig erscheint auch, daß die Figur von REUSS ein Vollfossil darstellt, während die anderen vom Waschberg (außer der besonders kräftigen *Montastrea rudis*) richtig als Steinkerne abgebildet sind. Die Erhaltung eines so zarten Fossils wie *Stylophora raristella*

---

[9] G. GÖTZINGER beschäftigt sich in seiner Arbeit 1913 nicht mit dem Eozän.
[10] NM = Naturhistorisches Museum Wien, geolog.-palaeontolog. Abteilung, GBA = Geologische Bundesanstalt Wien.

wäre daher höchst unwahrscheinlich. So ist die Bestimmung als *Madrepora* bzw. *Stylophora raristella* sicher falsch; außerdem handelt es sich wahrscheinlich um ein Fossil von einem anderen Fundort.

Porites leiophylla REUSS (1848, S. 28, Taf. 5, Fig. 4a—b) = *Porites leiophylla* HAUER (1858, S. 115) = *Goniopora Vienna Basin 2* BERNARD (1903, S. 123, 194) = *Goniopora Vienna Basin secunda* BERNARD (1905, S. 235) = *Goniopora Vindobonarum secunda* FELIX (1925, S. 279); non *Litharaea leiophylla* ABICH (1859, S. 101), ABICH (1882, S. 270): non *Porites leiophylla* = *Goniopora Persica 1* BERNARD (1903, S. 96); non *Porites cf. leiophylla* OSSWALD (1906, S. 443); non *Porites leiophylla* = *Goniopora Persica prima* FELIX (1927, S. 475).

Der Typus war weder im Naturhistorischen Museum, noch in der Geologischen Bundesanstalt zu finden. BERNARD beschrieb die Koralle wohl nur auf Grund der Angaben und Abbildungen von REUSS und stellte sie, nach diesen mit Recht, zu *Goniopora*. Obwohl er sie als „very interesting form" bezeichnete, gab er den locus typicus als „Miocene (Tortonian)" an. Die von ABICH aus Armenien zu derselben Art gestellten Exemplare schied er aber aus und beschrieb sie S. 96 als *Goniopora Persia prima* des Miozäns.

In unserem Material wurden keine sicheren *Porites* gefunden; doch könnten Gewebefetzen von poritiden Korallen, die z. T. sicher zu *Actinacis* gehören, z. T. auch von *Porites* oder *Goniopora* stammen.

Bezüglich der von REUSS nur annähernd bestimmten Arten bzw. Gattungen ergab sich:

Astraea aff. funesta BRONGNIART: REUSS beschrieb 1848, S. 25, „nicht näher bestimmbare Hohlabdrücke zweier anderer Arten, von denen eine, mit sich berührenden eckigen Sternen versehen, der *Astraea funesta* BRNGN. ähnlich ist". Diese Art wäre aber eine *Siderastrea*. Eine gewisse Ähnlichkeit mit einer solchen zeigt ein schlechter Erhaltungszustand von *Montastrea*, bei dem die Polypare besonders dicht gedrängt und daher sechseckig abgeplattet sind; die Rippen erscheinen dabei als Verlängerungen der Septen, besonders in flachen Kelchen, und jene benachbarter Kelche berühren sich bis auf einen ganz feinen Zwischenraum, durch den leicht der Eindruck einer feinen Mauer entsteht. Der Kelchdurchmesser von etwa 5 mm und die bei beiden Montastreen häufige Dreizackbildung der Septen erhöhen noch diesen Eindruck.

Siderastrea hat aber als Fungide poröse Septen, während die Montastreen höchstens am Innenrande derselben einige Poren zeigen.

Die von REUSS als *Astraea funesta* etikettierten Stücke des Naturhistorischen Museums Wien erwiesen sich als eine neue Art, *Montastrea bachmayeri*.

Agaricia aff. appenina MICHELIN bei REUSS, S. 26, und HAUER, S. 115, sowie

Agaricia aff. infundibuliformis MICHELIN bei REUSS, S. 26 = *Agaricia infundibuliformis* bei HAUER, S. 115 = *Cyathoseris infundibuliformis* HAUER non BLAINV. bei FELIX 1925, S. 123, gehören beide zur Gattung *Cyathoseris*, von der aber kein Stück vorliegt. Doch zeigen zwei besonders schlecht erhaltene Montastreen entfernte Ähnlichkeit mit dieser Gattung, indem die Kelche herausgewittert sind und in den Zwischenräumen die starken Rippen, die sich fast berühren, zusammenlaufende Polypare vortäuschen. Die von REUSS als *Agaricia* etikettierten Stücke erwiesen sich als *Montastrea rudis* REUSS.

Porites aff. deshayesiana MICHELIN (REUSS 1848, S. 29): BERNARD schreibt 1903, S. 124, über REUSS' Angaben: ,,third species like *Porites deshayesiana* MICH. which is a true *Porites* from the same hard limestone, but the details could not be made out", 1906, S. 109, über dasselbe Vorkommen vom Waschberg: ,,but it is too badly preserved to admit of exact working out". Kein Beleg vorhanden, selbst die Gattung kaum nachweisbar, da es sich wahrscheinlich um *Actinacis* handelt. Bei FELIX 1925, S. 273, wird für diese mitteleozäne Art REUSS 1848 nicht zitiert.

Turbinolia? (REUSS, S. 4). Zwei Stücke tragen Etiketten mit diesem Namen. Beide erwiesen sich als *Pattalophyllia cyclolitoides*.

Cladocora? (REUSS, S. 4). Diese zarte Gattung kommt rezent nur in mehr oder minder ruhigem Wasser vor. Ihr Auftreten in der Fazies des Waschbergkalkes wäre daher sehr unwahrscheinlich.

2. Die Reingruberhöhe bei Bruderndorf

Auch das Eozänvorkommen der Reingruberhöhe bei Bruderndorf, nördlich von Stockerau, ist zum Unterschied von dem erst 1926 entdeckten Danien von Bruderndorf altbekannt. Schon F. v. HAUER erwähnte 1858, S. 111, unter dem Namen Bruderndorf ,,Nummuliten, Korallen und Bivalven". Der ungedruckte

Bericht von C. MAYER-EYMAR 1890, den RZEHAK 1891 u. a. bis SIEBER 1953 erwähnen, war nicht zugänglich. A. RZEHAK, der die Schichten genau untersuchte, gliederte sie 1891 in 5 lithologische Schichten; vom Inhalt beschrieb er bloß die Foraminiferen und erwähnte S. 9 auch „häufige Bryozoen, kleine Gastropoden, Fischzähne, Fischotolithen, Seeigelstacheln und sehr selten auch kleine Brachiopoden", dagegen keine Korallen. C. M. PAUL & A. BITTNER geben in ihren Erläuterungen zu STURS geologischer Karte, S. 26, das „Barton der Reingruberhöhe" an, zitieren auch aus RZEHAKS Arbeit „Bryozoen, Nummuliten, *Orbitoides papyracea*". Später erwähnten noch viele Geologen das Vorkommen, beschrieben auch einzelne Fossilien daraus. Das Alter wurde seit jeher als Obereozän angenommen (R. GRILL 1953), in der Regel als Bartonien; GOHRBANDT glaubt es 1962 (nach JANOSCHEK 1964, S. 339) auf höheres Ledien einschränken zu können.

Der erste Forscher, der außer einer umfassenden Fossilliste auch Korallen bestimmte, war R. SIEBER 1953, der S. 366 aus Glaukonitsanden anführte: *Flabellum appendiculatum* BRNGN. und *Trochocyathus* (*Aplocyathus*) *cf. armatus* MICH., Bestimmungen, die auch heute noch als richtig gelten müssen. Er hat mir aber ein größeres Material zur Untersuchung übergeben.

Obwohl es sich hier um Vollfossilien, durchwegs Einzelkorallen, handelt, ist das Gestein für die Erhaltung der zarten Korallenskelette sehr ungünstig. Es enthält ziemlich grobe, wenn auch abgerundete Körner von Quarz bis 1,5 und von Glaukonit bis 0,6 mm Durchmesser, die bei noch so vorsichtigem An- oder Dünnschleifen die feineren Skeletteile zerreißen. Sie waren mit dem Skelett so fest verkittet, daß selbst beim mühsamen Herauspräparieren jedes einzelnen Kornes mit Nadel und Lupe Skeletteile mitgingen. Die neuerliche Bestimmung ergab:
Trochocyathus (*Protrochocyathus*) *pyrenaicus* (MICH.),
Trochocyathus (*Paratrochocyathus*) *thorenti* (D'ORB.),
Odontocyathus sieberi nov. spec.,
Odontocyathus minor nov. spec.,
Flabellum appendiculatum (BRONGN.).

3. Die Haidhofschichten westlich von Ernstbrunn

Die Haidhofschichten hielt ihr Entdecker M. F. GLAESSNER ursprünglich für gleichaltrig mit dem Obereozän der Reingruberhöhe; 1937, S. 4, erkannte er den Unterschied und bestimmte sie als Mitteleozän. Später beschrieben sie noch R. GRILL 1952, S. 53, und 1953, S. 79, F. BACHMAYER 1958, S. 293—294, mit

Gesteinsbeschreibung, Umgrenzung, Fossilliste und Fixierung des Alters als unteres Mitteleozän. Korallen erwähnte erst BACHMAYER 1958, S. 293, südöstlich von Haidhof ,,undeutliche Steinkerne von Korallen" und S. 194 an der Straße von Haidhof nach Simonsfeld ,,*Ceratotrochus spec.*". Auch diese Korallen überließ mir Herr Direktor BACHMAYER freundlicherweise zur Untersuchung. Leider erwies sich seine Diagnose ,,undeutliche Steinkerne" nur als zu richtig, bloß ein Steinkern ließ sich als *Trochocyathus (Protrochocyathus) cf. elongatus* (E. & H.) annähernd bestimmen.

II. Die Korallen

Stylocoenia bistellata CATULLO
(Taf. I, Fig. 1)

1848 (*Madrepora taurinensis* non MICHELIN) REUSS, S. 4, 27, Taf. 5, Fig. 2.
1856 (*Astrea bistellata*) CATULLO, S. 66, Taf. 7, Fig. 4a—b.
1858 (*Madrepora taurinensis* non MICHELIN) HAUER, S. 115.
1915 (*Stylocoenia taurinensis* p. p.) DAINELLI, S. 297.
1925 (*Stylocoenia taurinensis* p. p.) FELIX, S. 250.

Holotypus: Das von CATULLO, Taf. 7, Fig. 4a—b, abgebildete Stück. Sammlung des geologischen Institutes der Universität Padova.

Locus typicus: Brendola (Vicentino).

Die Kolonien sind polsterförmig, klein, bis 27 × 42 mm im Durchmesser; sie sind nur als Hohlräume erhalten, in deren Wandung die Kelche als Abdrücke erscheinen. Die Kelchöffnungen haben in der Regel 1 mm Durchmesser, selten weniger, niemals mehr. Sie sind sechseckig bis abgerundet-sechseckig, die Zwischenräume zwischen ihnen sind einen halben bis ein Drittel Millimeter breit.

Im Inneren des Kelches sieht man stets nur 6 Septen, niemals auch nur die Andeutung eines zweiten Zyklus. Sie sind bis 0,1 mm dick. Die Columella hat fast 0,2 mm im Durchmesser; ihre feinere Struktur ist infolge der Steinkernerhaltung und ihrer Kleinheit nicht erkennbar, aber auch nicht von Bedeutung.

Infolge der Kolonieform, des geringen Kelchdurchmessers und der Existenz nur eines Septenzyklus gleicht sie vor allem der *Stylocoenia bistellata* CATULLO. Diese Art hat bereits D'ACHIARDI 1866, S. 42, zu *St. taurinensis* (MICHELIN) E. & H. gezogen[11], ein

---

[11] Und nicht erst FELIX 1925, S. 250, wie ZLATARSKI 1963, S. 65, meint.

Vorgang, dem auch DAINELLI, ZUFFARDI-COMERCI und ZLATARSKI folgten. In Betracht käme auch *St. monocycla* MENEGHINI, die in Kelchgröße und 6 Septen übereinstimmt; sie hat aber stämmchenförmige Kolonien und ist sonst wenig bekannt. Auch diese Art wurde von den genannten Autoren zu *St. taurinensis* gezogen, weil sie glaubten, daß die Septenzahl kein Artmerkmal sei: „la presenza del secondo cyclo e occasionale" (ZUFFARDI-COMERCI 1937, S. 281). Doch wurden bei den vorliegenden Kolonien der echten *Stylocoenia taurinensis* niemals Kelche ohne wenigstens Andeutungen des zweiten Zyklus gefunden; auch sind bei dieser Art die Zwischenräume zwischen den Kelchen breiter und die Kelchöffnungen mehr gerundet (vgl. ZLATARSKI 1963, Taf. 4—5).

Es erscheint kaum als ein Vorteil, wenn man so viele Formen mit der einen Art *Stylocoenia taurinensis* verbindet, wenn sie auch dann eine große zeitliche und räumliche Verbreitung hat. Vielleicht gelingt gerade durch deren Auflösung in kleinere Gruppen auch einen stratigraphischen Wert derselben zu erzielen. Denn es scheint, daß die Formen mit kleineren Kelchen und nur einem Septenzyklus die ursprünglicheren und die breitkelchigeren mit 2 Zyklen die jüngeren seien. Wahrscheinlich hat bereits OPPENHEIM dasselbe gemeint, als er 1900, S. 183, von *Stylocoenia taurinensis* sagte: „Auch bei dieser haben sich für die älteren Formen gewisse feinere Unterschiede erkennen lassen, doch scheinen mir diese zu unbedeutend, um specifische Schnitte zu rechtfertigen."

Verbreitung: Wahrscheinlich gehören noch andere, bisher als *Stylocoenia taurinensis* beschriebene Formen in Wirklichkeit zu *St. bistellata*; doch liegt eine Revision der weitverbreiteten Art nicht im Plane der vorliegenden Arbeit. Die Art ist also nur sichergestellt aus dem Eozän des Vicentin (CATULLO), von Friaul (D'ACHIARDI). Im Waschbergkalk kommt sie in vielen Exemplaren vor, teils einzeln, meistens aber in Verbindung mit anderen Korallenstöcken (Platygyren, Trochocyathiden, *Pattalophyllia*, *Montastrea*); sie erfüllt auch Hohlräume von Schneckengehäusen. Sie ist jedenfalls weitaus die häufigste aller Korallen im Waschbergkalk, wie bereits REUSS hervorhob[12]. Aus dem Naturhistorischen Museum liegen 15 Kolonien vor, Inv. Nr. 1966 — 680 — 1.

Actinacis spec.

Aus einem Kalkstück, das in der Brecciensicht des Waschbergkalkes eingeschlossen war und sich durch etwas dunklere Farbe abhob, wurden lockere Gewebefetzen einer porösen Koralle

---

[12] 1848, S. 27: „in ungemeiner Menge".

beobachtet. Die Kelche hatten Durchmesser von 0,8 bis 1,5 mm, eine nicht vollständige Mauer, 16 bis 20 Septen mit einigen Pali; deren Zahl und die Columella konnten infolge Umkristallisation nicht beobachtet werden, ebenso wie das Zwischengewebe durch dazwischen gewachsene Kalzitkristalle zerrissen war. Die *Actinacis* ähnelt einigermaßen der *A. remesi* FELIX, unterscheidet sich aber durch die etwas engere Stellung der Kelche. Eine Artbestimmung war leider auch im Dünnschliff nicht möglich, nicht einmal, ob es sich um eine kretazische oder eozäne Art handelt. Es wäre ja nicht auszuschließen, daß das im Eozänkalk eingeschlossene Bruchstück aus einer aufgearbeiteten Unterlage stammt. Die Fundorte der *Actinacis remesi* sind ja nach neueren Untersuchungen Paleozän.

Ein Exemplar, coll. Dr. BACHMAYER, Naturhistorisches Museum, geol.-pal. Abteilung.

Andere unbestimmbare Gewebestücke von Poritiden mögen die Grundlage der Angaben von *Porites leiophylla* und *Porites aff. deshayesiana* gewesen sein.

Favia costata D'ACHIARDI
(Taf. I, Fig. 4)

1875 (*Favia costata*) D'ACHIARDI, S. 43, Taf. 9, Fig. 1 a—b.
1915 (*Favia costata*) DAINELLI, S. 206, 278, Taf. 33, Fig. 7.
1925 (*Favia costata*) FELIX, S. 78.

Die Kolonie ist, wie D'ACHIARDI, S. 43, angibt „leggermente convessa", weniger, wie sie DAINELLI, Fig. 7, abbildet knollenförmig-rund, sondern fast flach. Ihre Unterseite ist nicht sichtbar, der gut erhaltene Abdruck der Oberseite stimmt aber mit der Art D'ACHIARDIS weitgehend überein. Zunächst in der Größe der Kelche, die, wenn sie rund sind, Durchmesser von 12—13 mm haben; meistens sind sie aber durch beginnende Kelchteilung länglich, eingeschnürt-achterförmig bis dreiteilig und erreichen dann bedeutendere Längsdurchmesser bis 24 mm bei gleichbleibendem Querdurchmesser. Die Mauer war sehr fein, zwischen den Kelchen verlaufen Furchen (im Abdruck Erhebungen), die, wie bereits D'ACHIARDI, S. 44, beschrieb, zwischen runden Kelchen nur 2—3 mm breit, zwischen in Teilung begriffenen auch breiter sind. Diese Furchen werden von untereinander gleich starken Rippen gequert, ebensoviel wie Septen, die in der Verlängerung der Septen entweder von einem Kelch zum anderen überlaufen oder sich in wechselndem Winkel treffen.

Die Zahl der Septen ist schwer zu schätzen, da in Teilung begriffene Kelche natürlich mehr haben als einfache. Doch sieht man in der Regel 24 kräftigere Septen, dazwischen mindestens einen weiteren, kürzeren und dünneren Zyklus, meistens auch den Beginn eines fünften, der nur mehr aus zahnartigen Vorsprüngen der Mauer besteht. Die Septen sind am Oberrande mit scharfen, weit auseinanderstehenden Zähnen besetzt, die als nadelstichartige Vertiefungen im überdeckenden Kalk sichtbar sind und gegen das Zentrum zu stärker werden. Feine, bogenförmige Hohlgänge in der Ausfüllungsmasse stellen die ehemaligen Dissepimente dar. Pali sind nicht sicher auszunehmen, die Columella besteht nur aus wenigen, dünnen Querschnitten, ist also als trabekulär zu bezeichnen.

Verbreitung: Nach D'ACHIARDI und DAINELLI nur im mittleren Eozän von Friaul. Vom Waschberg nur die beschriebene Kolonie mit Maßen von 160 × 90 × 30 mm. Die Bedeckung derselben (von der Abbildung abgewandte Seite) ist, wo freigelegt, von Bryozoen und Kalkalgen überwachsen, die sichtbare Fläche von mindestens zwei Arten von Würmern und von anderen, sicher organischen, aber als Steinkerne unbestimmbaren Fremdkörpern besiedelt. Unregelmäßige, aber räumlich beschränkte Fugen im Gestein dürften auf Trocknungsrisse zurückzuführen sein.

Naturhistorisches Museum, geol.-pal. Abteilung, Inv. Nr. 1966 — 680 — 7.

Leptoria angigyra (REUSS)
(Taf. 1, Fig. 3 und 6)

1848 (*Maeandrina angigyra*) REUSS, S. 4, 26, Taf. 4, Fig. 8a—b.
1858 (*Maeandrina angigyra*) HAUER, S. 115 (nur Name).

Neotypus: Das von REUSS 1848 abgebildete Exemplar konnte weder im Naturhistorischen Museum noch in der Geologischen Bundesanstalt in Wien gefunden werden, ist also höchstwahrscheinlich verloren; daher wurde ein von REUSS eigenhändig etikettiertes Stück, das ihm also bei Aufstellung der Art vorlag und auf Taf. 1, Fig. 3, hier abgebildet ist, als Typus bestimmt. Naturhistorisches Museum, geol.-pal. Abteilung, Inv. Nr. 1847 — XI — 7.

Locus typicus: Waschberg, Untereozän.

Diagnose: Da die Art in einer wenig verbreiteten Zeitschrift beschrieben und später nur noch namentlich angeführt wurde, auch im Fossilium Catalogus fehlt, sei die Originaldiagnose wiederholt: ,,depressa-hemisphaerica, gyris angustissimis, profundis ramosis; collibus latioribus, perpendicularibus; lamellis tenuibus, inaequalibus, alternatim tenuissimis, remotiusculus; ventro reticulato'', . . . ,,besitzt sehr schmale, tiefe Thäler, die sich auf beiden

Seiten verzweigen, gerade wie von einem Hauptthale nach beiden Seiten Seitenthäler abgehen. Die Hügel sind hoch, breiter als die Thäler und fallen sehr steil ab. Von den dünnen Lamellen sind die abwechselnden dünner. Sie stehen einander sehr nahe, und sind an den Seitenflächen mit kurzen Stacheln besetzt."

Beschreibung des Typus: Die Kolonieform erinnert an eine *Leptoria* oder *Dictuophyllia*[13], die Anordnung der Kelchreihen hat REUSS gut beschrieben. Sie liegen in der Regel dicht beieinander. Ihre Breite (im Steinkern) beträgt 8—10 mm, die Täler (im Steinkern die Rücken) sind nur 2—3, selten bis 4 mm breit.

Auf 10 mm Länge entfallen 5—6 Septen erster Ordnung und ebensoviel wenig kürzere, aber deutlich schwächere, zweiter Ordnung. Die Septen erster Ordnung verdicken sich unmittelbar vor der Columella auf etwa 0,5 mm, also ungefähr auf das Doppelte ihrer sonstigen Breite. Die Septen zweiter Ordnung reichen bis etwa 0,5 mm vor der Columella, sind wesentlich dünner, tragen aber auch noch eine leichte Verdickung am Innenende; jene dritter Ordnung sind noch viel dünner und kürzer (höchstens halb so lang wie die Septen zweiter Ordnung) und sind ohne Verdickung. Alle Septen sind oben fein und gleichmäßig gezähnt und tragen seitlich spitze Körner. Die Columella scheint kontinuierlich zu verlaufen, ist aber sehr schmal und nur an einzelnen Stellen verdickt.

An zwei Exemplaren sind sowohl die Grate (im Steinkern, in Wirklichkeit die Kelchausfüllungen), wie die Täler (in Wirklichkeit die Zwischenräume) etwas breiter, und die Kelchreihen lassen stellenweise eine Auflösung in kürzere Abschnitte von nur einigen Kelchen erkennen; doch ist kaum anzunehmen, daß es sich hier um eine andere Form handelt (Fig. 6).

Verbreitung: Die Art ist nur von REUSS 1848 beschrieben, sonst nur namentlich erwähnt worden, ist aber mit keiner anderen identisch. Nur vom Waschberg liegen 4 Exemplare vor. Naturhistorisches Museum, geol.-pal. Abteilung und Geologische Bundesanstalt.

Leptoria reticulata (REUSS)
(Taf. I, Fig. 2)

1848 (*Maeandrina reticulata*) REUSS, S. 4, 25.
1858 (*Maeandrina reticulata*) HAUER, S. 155 (nur Name).
non *Maeandrina reticulata* GOLDFUSS 1826, S. 63, Taf. 31, Fig. 5a—b.

---

[13] Zugehörigkeit zur Untergattung *Dictuophyllia* kann wegen des schlechten Erhaltungszustandes nicht ausgeschlossen werden.

Holotypus: Das von REUSS beschriebene und gekennzeichnete, aber nicht abgebildete Exemplar. Wien, Naturhistorisches Museum, geol.-pal. Abteilung, Inv. Nr. 1847 — XI — 9, neue Nr. 680/8. Hier erstmalig abgebildet.

Locus typicus: Waschberg, Untereozän.

Diagnose: Aus demselben Grunde wie bei der vorherigen Art wird die Originaldiagnose REUSS' wiederholt: ,,semiglobosa, gyris latioribus, reticulatim, confluentibus; collibus aequilatis, acutis, declivibus; lamellis tenuibus, inaequalibus, alternatim tenuissimis, remotiusculis; centro reticulato"... (S. 26): ,,unterscheidet sich durch breitere, weniger tiefe, netzförmig verzweigte Thalgänge, durch eben so breite, oben scharfe, abschüssige Hügel und noch dünnere (abwechselnd äußerst dünne), aber entfernter stehende körnige Lamellen." Diese Beschreibung ist teilweise unrichtig.

Beschreibung des Typus: Die Kelchreihen sind oben 6—7 mm breit, haben steile Flanken und sind unten 4—5 mm breit. Sie sind sehr dicht gedrängt, vielfach verzweigt und entsprechen gut der Bezeichnung netzförmig. Stellenweise sieht man zwischen zwei Kelchreihen einen mit Kalzit erfüllten Zwischenraum oder einen schmalen Raum mit wenig deutlichen Querverbindungen (Ambulakra?). Auf 10 mm entfallen an der Columella 7 kräftige Septen, die am Innenende auf 0,6 mm verdickt sind. Dazwischen liegen ebensoviel wenig kürzere, aber bedeutend dünnere Septen ohne innere Verdickung, so daß REUSS' Bemerkung ,,abwechselnd äußerst dünne" hier richtig ist, während die Septen erster Ordnung kaum dünner sind als bei *L. angigyra*. Alle Septen sind oben mit entfernt stehenden, gleichen, kräftigen Zähnchen und seitlich mit feinen, spitzigen Körnchen besetzt. Die Columella ist etwas stärker als bei der vorigen Art. Sie ist zwar nur stellenweise auszunehmen, scheint aber kontinuierlich und punktweise verdickt, also trabekulär zu sein.

Verbreitung: Die Art ist bisher nur vom Waschberg bekannt und scheint mit keiner anderen verwandt zu sein. Die von GOLDFUSS aufgestellte *Maeandrina reticulata* (non *Diploria reticulata* UMBGROVE 1925) ist nach ALLOITEAU 1957, S. 256, auf Grund seiner exakten Nachuntersuchung eine *Dictuophyllia*. Gleich ob man *Dictuophyllia* als Untergattung von *Leptoria* nach VAUGHAN & WELLS 1943, S. 169, oder als eigene Gattung, wie ALLOITEAU 1957, S. 256, auffaßt, ist auch die Art *Leptoria reticulata* gültig.

6 Exemplare, davon Naturhistorisches Museum, geol.-pal. Abteilung, und Geologische Bundesanstalt Wien.

Montastrea rudis (REUSS)
(Taf. I, Fig. 5, Taf. II, Fig. 8 und 11)

1848 (*Astraea rudis*) REUSS, S. 4, 25, Taf. 4, Fig. 7e.
1858 (*Astraea rudis*) HAUER, S. 115 (nur Name).

Nicht im Fossilium Catalogus.

Holotypus: Das von REUSS bezeichnete, und zwar schlecht, daher hier neu abgebildete Stück. Naturhistorisches Museum, geol.-pal. Abteilung, Inv. Nr. 1847 — XI — 4.

Locus typicus: Waschberg, Untereozän.

Der Typus ist, wie auch bei REUSS auffällig erkennbar, nicht wie die anderen Fossilien des Waschbergkalkes als Steinkern, sondern als etwas inkrustiertes Skelett in einem hellbraunen, bis auf einige Glaukonitkörner ziemlich reinen Kalk erhalten. Die Kolonie mißt 55 + 50 + 25 mm, ist unvollständig, denn die Polypare verlaufen in dem Bruchstück fast parallel. Sie haben Durchmesser von 6—8 mm, selten etwas mehr. Die Kelchöffnungen messen, wenn rund, 4,5—6 mm; sie sind aber öfters in Teilung begriffen und erreichen dann in der Längsrichtung bis 10 mm, wobei ihre Längsachsen meistens parallel orientiert sind (vgl. Fig. 11). Die Maße entsprechen daher ganz der Abbildung von REUSS, welche die Kelche zwar schematisiert, aber in natürlicher Größe darstellt. Von der dünnen (septothekalen) Mauer, die nur durch die sehr kräftigen Rippen verstärkt ist, fallen die Rippen, fast stets in der Verlängerung der Septen, steil ab. Die Furchen zwischen den einzelnen Polyparen sind sehr eng, die Rippen benachbarter Polypare treffen nicht immer zusammen. Diese Rinnen erzeugen (besonders im Schliff auffällig) einen sechseckigen Umriß, selbst wenn sie ungleich breit sind.

Die Septen sind in vier Zyklen angeordnet, von denen die beiden ersten bis ins Zentrum reichen und untereinander nur durch ihre Stärke verschieden sind. Der dritte Zyklus ist deutlich kürzer, aber nicht viel dünner als der zweite, der vierte ist wesentlich kürzer und nicht in allen Sektoren ausgebildet. Durch verschiedene Stadien der Teilung verschieben sich diese Zahlen und Maße, wodurch z. B. die von REUSS angegebenen, abweichenden Zahlen zustande kommen. Die Septen sind am Oberrande gleichmäßig fein gezähnt; eine allfällige Körnung ihrer Flanken ist infolge ihrer feinen Inkrustation nicht erkennbar. Pali sind stellenweise in Verlängerung der primären bis tertiären Septen erkennbar, meistens sind sie aber mit den Septen und mit dem Zentrum verbunden. Die Columella besteht nur aus mehreren, schwachen Pfeilern.

Die Art ist für eine *Montastrea* ziemlich großkelchig. Solche Formen zeigen öfters ungleiche Entfernung der Polypare und auch ungleiche Ausbildung der Septen, während kleinkelchige Arten, wie die im folgenden beschriebene, sowohl in der Anordnung der Polypare innerhalb der Kolonie wie im Innenbau gleichmäßiger erscheinen.

Montastrea rudis ist der *Phyllocoenia irradians* E. & H. 1848 aus dem Eozän bis Oligozän des Vicentin zwar ähnlich, doch sind bei dieser die Pali viel deutlicher.

Neben dem beschriebenen, als Vollfossil erhaltenen Typus liegen noch zwei Exemplare vor: das eine ist in rotbraunem, marmorisiertem Kalk schlechter erhalten, von den Begrenzungen der Polypare und den Innerem ist nichts zu sehen, sondern nur von den Rippen, so daß der oberflächliche Eindruck einer *Cyathoseris* entsteht. Das Stück trug auch eine alte Etikette „*Agaricia*", deren beide von REUSS genannte Arten, *A. apennina* und *A. infundibuliformis* ja zu *Cyathoseris* gehören. Das andere ist ein schlecht erhaltener Steinkern (Fig. 11). Er zeigt aber, daß die Erhaltung des Typus als Vollfossil nicht nur an dem besonders kräftigen Bau der Koralle, sondern auch auf lokalen, abweichenden Sedimentationsverhältnissen beruht.

Montastrea bachmayeri nov. spec.
(Taf. II, Fig. 7 und 9)

1838 (*Astraea aff. funesta*) REUSS, S. 25.
1858 (*Astraea aff. funesta*) HAUER, S. 115 (nur Name).

Holotypus: Das eine der beiden von REUSS als *Astraea funesta* bezeichneten Stücke, hier auf Fig. 9 abgebildet. Naturhistorisches Museum Wien, geol.-pal. Abteilung, Inv. Nr. 1966 — 680 — 2.

Locus typicus: Waschberg, Untereozän.

Derivatio nominis: Nach Prof. Dr. FRIEDRICH BACHMAYER, Direktor der geologisch-palaeontologischen Abteilung am Naturhistorischen Museum in Wien, bekannt durch seine palaeontologischen Untersuchungen, namentlich über Krebse und Insekten, der einen Teil des beschriebenen Materials selbst aufsammelte, einen anderen aus den Beständen des Museums beibrachte.

Diagnose: Kleinkelchige *Montastrea* mit dicht gedrängten Kelchen und häufiger Verbindung von Septen ungleicher Zyklen.

Beschreibung des Typus: Kolonie als Steinkern unvollständig erhalten. Die Kelche messen als Erhebungen 2,5—3,5 mm. Die Wände erscheinen als schmale, tiefe Rinnen, die Polypare haben

Durchmesser 3—5 mm, die Distanz der Kelchzentren beträgt 4—4,5 mm. Die Zwischenräume zwischen den Polyparen werden von Rippen gequert, oft in der Verlängerung der Septen, die auf flache Trennungsrücken (in Wirklichkeit Senken) hinauf bzw. hinab laufen. Bohrlöcher von Fadenalgen sind als feine Punkte an der Oberfläche sichtbar.

Die Kelche enthalten 24 Septen und stets auch einige schwächere und kürzere Septen eines unvollständigen vierten Zyklus. Jene des ersten und zweiten Zyklus reichen fast bis zur Columella und endigen innen mit schmalen, länglichen Lobes paliformes; jene des dritten Zyklus sind deutlich kürzer und dünner und haben sehr schmale Lobes paliformes, die als solche kaum erkennbar sind. Die tertiären wie die quartären Septen legen sich oft an jene des vorhergehenden Zyklus an, so daß es scheinbar zur Gabelung, selbst zur Dreizackbildung kommt. Ungleiche Septenzahlen beruhen auf Verschiebungen in der Entwicklung der Zyklen, die mitunter eine verschiedene Länge und Stärke von Septen desselben Zyklus ergeben, so daß z. B. manchmal der Eindruck entsteht, als ob sie auf der Achtzahl aufgebaut seien. Die Columella besteht nur aus einigen wenigen unregelmäßigen Pfeilern.

Ein zweites Stück (Taf. II, Fig. 7, Inv. Nr. 1966 — 680 — 3) zeigt das Coenosteum nicht abgedrückt, sondern nur die offenbar besonders tief eingesenkten Kelchen. Diese waren ebenso wie der dazwischen liegende Teil mit dem Coenosteum mit demselben feinkörnigen Kalkschlamm bedeckt, doch konnte ihr Innenbau durch Anschleifen sichtbar gemacht werden. Die Maße sind dieselben, nur stehen die Kelche etwas dichter gedrängt. An der Zugehörigkeit zur selben Art ist daher kaum zu zweifeln.

Ein drittes Exemplar stellt eine sehr große Kolonie in marmorisiertem grauen Kalk dar, von der nur die eingewitterten Kelche als durchlaufende, parallele Hohlräume mit 3—5 mm Durchmesser sichtbar sind; die Distanz der Kelchzentren beträgt 4—6 mm. Obwohl das Stück der Quere nach in 4 Teile zerschnitten wurde, ist vom Innenbau der Polypare nichts auszunehmen. Nur an wenigen Stellen kann man am äußersten Rand der Hohlräume 34—36 Rippen erkennen, die auf der Oberseite kräftig und gleichmäßig gezähnt sind, aber keine Zyklengliederung gestatten. Daher kann man das Stück nur mit Vorbehalt zu der beschriebenen Art ziehen.

Dasselbe gilt von einem vierten Stück, das ein kleines Bruchstück einer ziemlich hohen Kolonie von nur 17 × 17 mm Breite darstellt und die Kelchhohlräume als weiße Sterne von etwa 4 mm Durchmesser in rotem Kalk zeigt.

Vom Waschberg liegen also zwei sichere (beide Naturhistorisches Museum) und zwei unsichere Stücke (das große in der Geologischen Bundesanstalt Wien) vor.

Pattalophyllia cyclolitoides (BELL.) OPPENH.
(Taf. II, Fig. 10, Taf. III, Fig. 15)

.... (*Turbinolia cyclolitoides*) BELLARDI in manuscr.
1964 (*Pattalophyllia cyclolitoides*) VAUDOIS-MIÉJA, S. 143, Taf. 3, Fig. 4—7. Ibid. Lit. Außerdem:
1848 (*Turbinolia?*) REUSS, S. 4.
1858 (*Turbinolia*) HAUER, S. 115.
1925 (*Pattalophyllia cyclolitoides*) FELIX, S. 55.
1925 (*Pattalophyllia cyclolitoides*) SCHLOSSER, S. 9.
1947 (*Pattalophyllia cyclolitoides*) KOCHANSKA, S. 52.
1949 (*Pattalophyllia cyclolitoides*) KOLOSVARY, S. 155, Taf. 2, Fig. 3.
1959 (*Pattalophyllia cyclolitoides*) PAVLOVEC, S. 370, 408, Taf. 1, Fig. 3.

Typus: Holotypus der Coll. MICHELIN von La Palaraea nach VAUDOIS-MIÉJA verloren. Neotypus nach derselben Autorin ein Exemplar des Museum nat. d'Hist. nat. in Paris, von Peyresque (Basses Alpes, Priabonien), abgebildet bei VAUDOIS-MIÉJA, Taf. 3, Fig. 4—7.

Mehrere Stücke von auffallend gleicher Form und Größe, von $H = 23$, $D = 34$, $d = 28$ bis $H = 10$, $D = 15$, $d = 14$ mm, entsprechen recht gut den Maßen bei VAUDOIS-MIÉJA, S. 144. Die Steinkerne enden unten mit einer anscheinend für die Art bezeichnenden Abknickung, vgl. D'ACHIARDI 1866, Taf. 1, Fig. 1. Die Basisfläche des Steinkerns, also nicht die Anwachsstelle, hat Durchmesser von 4—23 mm. Von der Mauer selbst ist nichts zu sehen, ein nur stellenweise erhaltener Abdruck zeigt, daß die Rippen annähernd gleich waren. Die Zahl der Septen beträgt am Kelchrande etwa 200. Davon sind jene der ersten zwei Zyklen untereinander gleich und weitaus stärker als die übrigen; sie reichen bis zur Zentralgrube und endigen hier mit einer schwachen, abgerundeten Verdickung. VAUDOIS-MIÉJA gibt zwar S. 154 an „aucune trace de palis", dies dürfte aber nur in dem strengen Sinne ALLOITEAUS gemeint sein; denn die schwachen Verdickungen der Innenenden der primären bis quartären Septen, die sie selbst auf Taf. 3, Fig. 4, abbildet, sind wohl als Pseudopali („Lobes paliformes") aufzufassen, wie auch D'ACHIARDI in der Originaldiagnose der Gattung 1868, S. 3, sagt: „Piu corone di Pali con i maggiori di esse davanti l'antipenultimo ciclo." Die Seitenflächen der Septen waren fein granuliert, ihr Oberrand ist nirgends abgedrückt. Die Columella besteht, wie an Bruchstücken ersichtlich, nur an der Basis aus wenigen, kräftigen Pfeilern, die wenig in den Zentralraum emporragen und durch enge Zwischenräume getrennt sind. D'ACHIARDIS Bemerkung „non Columella" in der Originaldiagnose beruht wohl darauf, daß er sie, da nur basal entwickelt, an der Kelchoberfläche nicht beobachten konnte.

Aus der riesigen Literatur zeigen die Beschreibungen und Abbildungen von ELODEA OSASCO 1902, S. 105, Taf. 8, Fig. 3a—b, von San Giovanni Ilarione, ferner jene von OPPENHEIM und Frau VAUDOIS-MIÉJA mit unserer Form gute Übereinstimmung.

Verbreitung: *Pattalophyllia cyclolitoides* ist weit verbreitet im Mittel- bis Obereozän von Frankreich, Bayern, Jugoslawien, Italien, Ägypten, Ostafrika und Indien. Vom Waschberg hat sie bereits SCHLOSSER 1925, S. 9, neben anderen Fundorten nahe der bayerisch-österreichischen Grenze (Gmain, Elendgraben, Oberaudorf) angegeben. Nach freundlicher Mitteilung von Herrn Prof. Dr. R. DEHM vom 2. 2. 1966 wurde allerdings in der Sammlung Schlosser in München kein Beleg dafür gefunden; aber von SCHLOSSER richtig bestimmte Exemplare der Art von Oberndorf (aus Moräne) und Staufeneck zeigen, daß seine Angaben sicher richtig waren, wie es auch die vorliegenden Stücke beweisen. Das Auftreten der Art in San Giovanni Ilarione zeigt, daß sie nicht nur im Obereozän wie die Stücke von VAUDOIS-MIÉJA, sondern auch im Lutetien vorkommt; auch das Vorkommen von Rosici in Bosnien ist nach OPPENHEIM 1912, S. 145, unteres Lutetien. Das angebliche Vorkommen im Oligozän von Ostafrika (E. SCHOLZ 1910, S. 368) wird dagegen von OPPENHEIM 1912, S. 119, bezweifelt; wohl mit Recht.

Vom Waschberg liegen 10 Exemplare vor, zwar von verschiedener Größe, aber von recht übereinstimmender Gestalt und Ausbildung. Naturhistorisches Museum, geol.-pal. Abteilung (Inv. Nr. 1966 — 680 — 6 und 11) und Geolog. Bundesanstalt. Sie waren auf alten Etiketten als „*Cyathina*" und „*Turbinolia*" bezeichnet.

Pattalophyllia cf. leymeriei (MICH.) OPPENH.
(Taf. III, Fig. 12—13)

1846 (*Turbinolia sinuosa* non BRONGNIART) MICHELIN, S. 270, Taf. 63, Fig. 1a—b.
1846 (*Turbinolia sinuosa* + var. *elongata*) LEYMERIE, S. 336, Taf. 13, Fig. 7—8.

1899 (*Pattalophyllia leymeriei*) OPPENHEIM, S. 215, Taf. 11, Fig. 5—7.
1925 (*Pattalophyllia leymerei*) FELIX, S. 56.
1964 (*Pattalophyllia leymereiei*) VAUDOIS-MIÉJA, S. 40, Taf. 4, Fig. 1—14.

Holotypus: Das von MICHELIN abgebildete Stück. Paris, Museum d'Hist. nat., Lab. de Malacologie. Neuerlich abgebildet von VAUDOIS-MIÉJA, Taf. 4, Fig. 3—4.

Locus typicus: Couiza (Aude); unteres Lutetien.

Der besterhaltene Steinkern ist in einem violettbraunen, grobkristallinen Kalk eingeschlossen; etwa ein Drittel ist aus diesem herausgewittert, der Rest ist nur im Anschliff sichtbar (Fig. 13). Der Kalk und die Hohlräume des Steinkernes sind ganz erfüllt mit Sandkörnern und Foraminiferen, die aber, da sie in den Steinkern, nicht in die Hohlräume der ursprünglichen Koralle eingeschwemmt sind, jünger sein müssen als diese.

Das Polypar war, wie bei vielen Pattalophyllien und besonders bei dieser Art, von unregelmäßiger Gestalt, im Querschnitt fast bilobat, die längste Achse mißt 40, die kürzeste 25 mm, der Umriß gleicht etwa einer breiten Acht. Die Höhe ist, da es sich nur um eine Gesteinsplatte handelt, nicht bestimmbar. Eine Epithek fehlt, die Mauer ist sehr dünn und wird nur durch schwache Verdickungen der Septen gebildet.

Die Septen sind sehr dünn, in 6 Zyklen, von denen aber der letzte nicht voll ausgebildet ist, da nur etwa 160 Septen zu zählen sind. Die beiden ersten Zyklen sind gleich stark und reichen bis zur Zentralgrube, der dritte Zyklus reicht nicht ganz so weit, seine Septen sind aber dünner; der vierte mißt etwa zwei Drittel, der fünfte ein Drittel von der Länge der ersten beiden, der sechste ist viel kürzer und nur spurenweise erkennbar. Die Innenenden der ersten Zyklen tragen keine selbständigen Pfeiler (die Schule ALLOITEAUS anerkennt nur solche als Pali), sondern sehr schmale „lobes paliformes". Der Zentralraum ist tief, etwa 10 mm lang, und so von den eingeschwemmten Foraminiferen erfüllt, daß man über ihn und die Columella nicht aussagen kann.

Ein zweiter Steinkern ist ganz herausgewittert (Fig. 12), zeigt aber fast genau dieselben Maße und die Abstufungen der Septen wie der vorige. Die Ausfüllung der Hohlräume der Koralle ist hier nicht ganz bis zur Basis erfolgt, da man von der Columella nur schwache punktförmige Vertiefungen als Abdrücke von den Spitzen der Columellarpfeiler sieht. Ein weiterer Steinkern (coll. Dr. BACHMAYER) mit einer Höhe von 28 mm und einem

Kelchdurchmesser von 30 × 23 mm zeigt dagegen die Pali auf der Unterseite ganz deutlich.

Die Form unterscheidet sich vom Typus und den anderen von VAUDOIS-MIÉJA beschriebenen und abgebildeten Stücken durch breitere Gestalt, etwas bedeutendere Größe und unregelmäßigeren Umriß.

Verbreitung: Bisher außer von Couiza nicht bekannt; die Angabe „Corbières" bei VAUDOIS-MIÉJA S. 151, bezieht sich wohl auf denselben Fundort.

Vom Waschberg liegen 4 Exemplare vor. Naturhistorisches Museum, geol.-pal. Abteilung, Wien.

Die Gattung *Trochocyathus* EDWARDS & HAIME

1848 (*Trochocyathus*) EDWARDS & HAIME, S. 235, 300.
1850 (*Trochocyathus*) EDWARDS & HAIME, S. XIV.

Gattungstypus: *Turbinolia mitrata* GOLDFUSS 1826 (S. 52, Taf. 15, Fig. 5), teste EDWARDS & HAIME 1850, S. XIV.

ALLOITEAU hat 1958, S. 121—130, die Frage der Typusart eingehend behandelt, dabei aber übersehen, daß die Aufstellung von *Turbinolia mitrata* als solcher nicht erst von FELIX 1925, S. 194, stammt, sondern von EDWARDS & HAIME 1850, S. XIV. Er lehnte übrigens die Aufstellung durch FELIX, die auch von VAUGHAN & WELLS angenommen war, ab und bestimmte neu *Turbinolia plicata* MICHELOTTI 1838 als Gattungstypus, weil: 1. EDWARDS & HAIME bei der Aufstellung der Gattung zwar beide Arten (mit vielen anderen) in diese einschlossen, aber *T. plicata* als erste und *T. mitrata* erst als zweite, beide auf derselben Seite. Es liegt also nicht einmal Seitenpriorität vor, obwohl es eine solche nicht gibt, vgl. R. RICHTER 1952, S. 73—74; auch die neuen IRZN sehen sie nicht vor, sondern nennen sie nur in Empfehlung B an letzter Stelle. 2. EDWARDS & HAIME 1848 *T. mitrata* nur durch die Abbildung und Beschreibung von GOLDFUSS 1826 kannten, durch Autopsie erst spätestens 1857. Aber nirgends wird zur Gültigkeit einer Gattung oder Art die Kenntnis der Typen aus eigener Anschauung verlangt, sondern sieht ausdrücklich auch die „Indikation" vor (J. R. Z. N., Art. 12, 16). 3. Weil EDWARDS & HAIME 1848 die Selbständigkeit von *T. mitrata* nicht für sicher hielten, S. 303: „Cette espèce a beaucoup d'affinité avec la précédente (*T. plicata*) si toutefois ce n'est pas la même." 1850 schrieben die beiden Autoren: „*T. mitrata* (*T. mitrata* GOLDFUSS et *T. plicata* MICHELOTTI)", vereinigen also beide Arten, wie es später in Unkenntnis dieser Tatsache FELIX 1925 tat. ALLOITEAU hat aber

S. 128—129 nach Studium der Originale nachgewiesen, daß beide Arten unterschieden sind. Auf die starke Variabilität vieler Merkmale bei *Trochocyathus* haben bereits EDWARDS & HAIME 1848, S. 300, hingewiesen. Bezüglich der Columella schreiben sie z. B.: „composée de tigelles prismatiques ou un peu tordues sur elles mêmes, fasciculées, ou disposées en une petite série, à peu près égales entre elles." Dieses Merkmal diente ALLOITEAU, S. 300, hauptsächlich mit dem Feinbau der Septen und Merkmalen der Rippen dazu, die Gattung *Trochocyathus* in drei selbständige Gattungen zu spalten. Stärkere oder schwächere Ausbildung der Mauer und der Pali, stärkere oder geringere Verschmelzung der Granula auf den Septenwänden, können als rein quantitative Merkmale wohl keinen genügenden Grund für eine Gattungstrennung bilden, und ALLOITEAU hebt denn auch öfters (S. 130, 131, 135) hervor, daß die Trennung hauptsächlich auf Rippen und Columella beruht.

Auch diese Unterschiede sind kaum so bedeutend, daß sie eigene Gattungen begründen könnten, sondern entsprechen wohl eher Untergattungen. Der übergeordnete Gattungsbegriff *Trochocyathus* erscheint dagegen wohl begründet und hat sich nur deshalb so lange gehalten; denn die Unterschiede waren, wie gezeigt wurde, bereits EDWARDS & HAIME bekannt.

Trochocyathus (Protrochocathus) pyrenaicus (MICH.)
(Taf. III, Fig. 14, Taf. IV, Fig. 16)

1846 (*Flabellum pyrenaicum*) MICHELIN, S. 271, Taf. 63, Fig. 2.
1848 (*Trochocyathus pyrenaicus*) E. & H., S. 311.
1964 (*Flabellum pyrenaicum*) VAUDOIS-MIÉJA, S. 130, Taf. 1, Fig. 19—20, Abb. 10—11. Ibid. Lit.

Holotypus: Das von MICHELIN abgebildete Stück von Biarritz. Verloren nach VAUDOIS-MIÉJA.
Neotypus: Das von VAUDOIS-MIÉJA bestimmte und Taf. 1, Fig. 19—20 abgebildete Stück (Topotyp). Paris, Mus. nat. d'Hist. nat. Inst. de Pal.
Locus typicus: Biarritz.
Stratum typicum: Obereozän.

Die Abbildung 10 bei VAUDOIS-MIÉJA, auf Grund deren sie die Art zu *Flabellum* rückversetzt, weicht von den gebräuchlichen Vorstellungen eines *Flabellum* erheblich ab. Die Septen, bei *Flabellum* gerade, sind hier stark onduliert, die Verdickung ihrer Innenenden, sonst viel stärker und regelmäßiger und zu seitlicher Verbindung führend, ist hier unregelmäßig und lose, als deutliche

Pali ausgebildet, auch die Columella besteht hier aus mehreren selbständigen Pfeilern. So stimmt der Innenbau vielmehr mit der von ALLOITEAU 1958, S. 131, aufgestellten Gattung *Protrochocyathus* überein.

Die vorliegenden Stücke weichen von MICHELINs Abbildung wenig ab, indem der wellige Kamm der Konvexseite etwas schwächer ist. Die Durchmesser der Kelche schwanken zwischen 9—14 × 6—10 mm, die Höhen etwa von 15 bis 18 mm; alle Stücke sind gebrochen oder an der Spitze abgerollt. Die Rippen sind der ganzen Höhe nach sichtbar, abwechselnd stark, gerundet und mit feinen Körnern besetzt. Die Septenzahl schwankt um 24, manchmal sind auch kürzere und feine Septen eines vierten Zyklus sichtbar. In der Nähe der Kelchöffnung zeigen sie den von Frau VAUDOIS-MIÉJA auf Abb. 10 trefflich dargestellten, welligen Verlauf, nahe der Basis sind sie aber einfacher (vgl. Fig. 176). Auf den Seitenflächen sind sie mit feinen Granulationen besetzt, die selten zu Pseudosynaptikeln zusammenschließen. Die drei ersten Septenzyklen zeigen vor den Innenenden deutliche Pali, die innere Krone vor dem ersten und zweiten Zyklus, die äußere vor dem dritten. Manchmal sind zwei Septenenden durch Verschmelzung der Pali des inneren Zyklus verbunden. Die Columella besteht aus selbständigen, unregelmäßigen Pfeilern, die eine Anordnung in einer Reihe, nicht in einer Kelchachse, aber zwischen zwei kräftigen, gegenüberliegenden Septen erkennen lassen.

Die Art wird hier zu *Protrochocyathus* gestellt, weil sie durch die zwei Palikränze und die eigenartige Columella von allen anderen Caryophylliden durch das völlige Fehlen der Epithek und von „filets continues" der Granula im oberen Teil der Septen von *Trochocyathus* unterschieden ist.

Verbreitung: Obereozän von Biarritz, Ariège, Umgebung von Nizza. Für Österreich neu von der Reingruberhöhe, 10 Stück (Naturhistor. Museum, geol.-pal. Abteilung).

Trochocyathus (Protrochocyathus) cf. elongatus
(E. & H.) VAUDOIS-MIÉJA
(Taf. 4, Fig. 17)

1964 (*Protrochocyathus elongatus*) VAUDOIS-MIÉJA, S. 8, Taf. 1, Fig. 3—5, Abb. 1—2. Ibid. Lit.

Ein Steinkern war nur in 3 Querschliffen sichtbar, zeigte aber weder Höhe noch Wand und Rippen, was vermuten läßt, daß die Koralle bereits abgerollt eingebettet wurde. Man sieht tatsächlich (als Hohlräume) nur Septen, Pali und Columella; Endothek fehlt sicher.

Der beste Querschliff, der als Grundlage der Beschreibung dient und Taf. 4, Fig. 17, abgebildet ist, mißt 16 × 9 mm, der größte 18 × 10 mm. Der Umriß ist oval, gegen die Enden etwas gerader verschmälert. Von den vier Septenzyklen sind die beiden ersten gleich lang und stark, erreichen fast die Columella und enden innen mit Pali. Sie zeigen im Querschnitt regelmäßige Verdickungen, die wohl den schrägen Körnchenreihen bei VAUDOIS-MIÉJA 1964, S. 9, Abb. 2, entsprechen. Die tertiären Septen sind nicht einmal halb so lang, jene des vierten Zyklus sind nur in den Endsektoren entwickelt. Die Pali sind ungleich, jene des zweiten Zyklus sind stärker als die des ersten. Die Columella besteht aus zahlreichen, enggedrängten, ungleich starken, im Querschliff teilweise gebogen erscheinenden, daher wahrscheinlich gedrehten Lamellen oder Pfeilern; sie mißt im Querbruch 5 × 2 mm.

Diese unvollständigen Daten verbieten wohl eine artliche Bestimmung. Am nächsten stünde noch *Protrochocyathus elongatus* (E. & H.) aus dem Eozän (nach anderen Autoren Unter-Oligozän) von Castellane, der von VAUDOIS-MIÉJA eingehend untersucht wurde. Doch unterscheidet sich unsere Form durch größeren Querdurchmesser bei geringerer Septenzahl und regelmäßigerem Septenbau.

1 Exemplar, Haidhofschichten, Straße Haidhof—Simonsfeld.

Naturhistorisches Museum, geol.-pal. Abteilung.

Trochocyathus (Paratrochocyathus) thorenti
(D'ORBIGNY) VAUDOIS-MIÉJA
(Taf. 4, Fig. 18)

1850 (*Trochocyathus thorenti*) D'ORBIGNY, *2*, S. 333.
1857 (*Trochocyathus thorenti*) MILNE-EDWARDS, *2*, S. 47.
1964 (*Paratrochocyathus thorenti*) VAUDOIS-MIÉJA, S. 11, Taf. 1, Fig. 7—9, Abb. 3.

Holotypus: Das bisher einzige, von D'ORBIGNY zwar ungenügend beschriebene und nicht abgebildete Exemplar in Paris, Muséum nat. d'Histoire naturelle, Lab. de Pal., Coll. d'Orbigny. Abgebildet erst bei VAUDOIS-MIÉJA 1964.
Locus typicus: Biarritz.
Stratum typicum: Bartonien.

Die Art ist, wie die neuen, gut erhaltenen Exemplare zeigen, tatsächlich, wie VAUDOIS vermutete, aber infolge schlechter Erhaltung des Originals nicht nachweisen konnte, gekrümmtkegelförmig („doit avoir une forme recourbée en bonnet phrygien",

S. 12). Die Höhe beträgt bei beiden Stücken etwa 20 mm, der Durchmesser der einen fast kreisförmigen 10, bei der anderen 10 × 10,5 mm; die Krümmung des Polypars liegt in der Ebene der größeren Kelchachse. Die septothekale Mauer ist 1—1,5 mm dick. Sie ist außen mit Rippen (Fortsetzungen der Septen) besetzt, und diese mit feinen, flachen Granula in mehreren Reihen.

Die ersten zwei Septenzyklen sind gleich, der dritte ist etwas kürzer. Alle diese endigen innen mit runden bis länglichen Pali in zwei konzentrischen Kreisen, die oft mit den Innenenden der Septen und einigen Columellarpfeilern verbunden sind; dies macht oft den Eindruck, als ob die Septen innen miteinander verbunden wären. Die Septen des vierten Zyklus sind wesentlich kürzer, etwa halb so lang wie die tertiären, und tragen keine Pali, sondern endigen spitz. Der fünfte Zyklus ist nur durch kurze Zähnchen angedeutet, wie auch beim Arttypus, vgl. VAUDOIS-MIÈJA, Abb. 3. Der Oberrand der Septen ist mit feinen Zähnchen besetzt, ihre Seitenflächen tragen feine Granula in keiner erkennbaren Ordnung. Die Columella besteht aus mehreren Pfeilern von ungleich großem, ungefähr kreisrundem Querschnitt.

Unsere Stücke sind von dem einzigen bisher bekannten und schlecht erhaltenen Typus unterschieden durch bedeutendere Höhe (H = 22 statt 11 mm) bei geringerem Durchmesser (10 × 10,5 statt 13 × 16 mm). Die ungleiche Dicke der Mauer (vgl. VAUDOIS, Abb. 3) ist sicher nur auf Abreibung zurückzuführen, die auffallend ungleiche Dicke der Septen auf derselben Abbildung auf sekundäre Infiltration, wie die Lage der Granula darauf zeigt. Gemeinsam ist die hohe Septenzahl (96) und die scheinbare Verbindung der primären bis tertiären Septen im Kelchinneren. Maße und Krümmung sind aber bei allen drei Exemplaren auffallend gleich. Der Formunterschied zwischen unseren höheren und schmäleren Stücken und dem Arttypus kann, angesichts der Variabilität der äußeren Form bei rezenten Einzelkorallen, nicht als Artunterschied gelten. Die äußere Gestalt und die Maße stimmen, bis auf die dort etwas zusammengedrückte Form der Kelche, ganz mit *Protrochocythus elongatus* (E. & H.) VAUDOIS-MIÈJA überein. *Paratrochocyathus alpinus* (MICH.) und *P. cupula* (ROUAULT) sind nicht nur in der äußeren Form unterschieden.

Ähnlich wäre noch *Trochocyathus gümbeli* REIS aus dem Unteroligozän von Reit und Häring. Bei diesem ist aber die Wand der Höhe nach „wellig-ringförmig" (wohl in Wachstumszonen) eingebogen, er hat nur drei Septenzyklen, die Pali sind stark längsgestreckt; die Columella ist länglich, die Art gehört daher wohl zur Gattung *Trochocyathus* im ursprünglichen Sinne.

Verbreitung: Außer am Locus typicus nun auch auf der Reingruberhöhe (3 Exemplare, Naturhistor. Museum Wien, geol.-pal. Abteilung). Inv. Nr. 1966 — 680 — 12.

Odontocyathus sieberi nov. spec.
(Taf. IV, Fig. 19—21)

1953 (*Trochocyathus-Aplocyathus cf. armatus*) SIEBER, S. 366.
non *Aplocyathus armatus* (MICHELOTTI 1838).

Holotypus: Das hier abgebildete Stück. Wien, Naturhistor. Museum, geol.-pal. Abteilung, Inv. Nr. 1966 — 680 — 13.

Locus typicus: Reingruberhöhe.

Stratum typicum: Obereozäner Glaukonitsand.

Derivatio nominis: nach Prof. Dr. RUDOLF SIEBER, Leiter des Museums der Geologischen Bundesanstalt in Wien, dem bekannten Tertiärforscher und Entdecker der Korallenfauna der Reingruberhöhe.

Diagnose: Polypar niedrig, sechsseitig. 48 Septen mit 2 Kränzen langgestreckter Pali. Sechs zum größten Teile mit der Basis verwachsene Dornen.

Beschreibung: Höhe 10, Durchmesser der Scheibe 21, von Dornspitze zu Spitze 25 mm. Unterseite breit-becherförmig, nur wenig gewölbt, fast flach, in der Mitte mit kleiner, etwa 2 mm hervortretender Anheftungsstelle. Von dieser gehen sechs radiale, schwache Anschwellungen aus, die sich in die Ecken des Polypars knotenförmig verlängern. Von der größten, sechseckigen Breite verengt sich der Polypar nach oben rasch auf nur 18 mm Durchmesser. Von hier erheben sich die 48 Septen, die an der Mauer sehr dick beginnen, sich aber rasch verschmälern und dann gegen die Mitte zu gleich dünn verlaufen. Die 6 Septen des ersten Zyklus treten bedeutend höher über die Ebene der anderen Septen empor, jene des zweiten Zyklus sind ebenso lang und kräftig, treten aber nicht empor; jene des dritten sind etwas kürzer und schwächer, die des vierten noch kürzer, aber ebenso dick. Alle Septen sind am Oberrande schwach gezähnt und an den Seitenflächen mit kräftigen Körnern besetzt, die ungefähr senkrecht zum Oberrand verlaufen. Nach außen setzen sich die Septen über die septothekale Mauer als kräftige Rippen fort, die ebenfalls mit Körnern von gleicher Stärke in mehreren Reihen besetzt sind; der Quere nach zählt man auf den stärkeren Rippen 4 Körner. Im Inneren bilden die Septen der drei ersten Zyklen schmal-radialgestreckte Pali in zwei Kränzen. Die Columella ist infolge starker Inkrustation mit Eisenverbindungen nirgends sichtbar.

Die neue Art ähnelt am ehesten *Odontocyathus mantelli* E. & H. 1857 aus dem Oligozän der Südsee, doch liegen bei diesem die Knoten tiefer, unter der breitesten Ebene des Polypars, die Pali des inneren Kranzes sind rundlich, die primären Septen sind nicht so stark, und ein fünfter Zyklus ist ausgebildet.

Die Art liegt nur von der Reingruberhöhe im Typus und einigen Bruchstücken vor.

Odontocyathus minor nov. spec.
(Taf. IV, Fig. 22—23)

Holotypus: Das hier abgebildete Stück. Wien, Naturhistor. Museum, geol.-pal. Abteilung, Inv. Nr. 1966 — 680 — 14.

Locus typicus: Reingruberhöhe.

Stratum typicum: Obereozän.

Diagnose: Becherförmig, an der Vereinigung von Basis und Mauer mit sechs gröberen und zwischen diesen und der Anheftungsstelle sechs feineren Knoten. Septen 4 Zyklen, die beiden ersten über die Kelchebene emporragend, Pali schmal-radialgestreckt.

Beschreibung: Polypar hoch-becherförmig, Höhe 14, Durchmesser 13 mm. Die Basis ist halbkugelig gewölbt, mit schmaler, etwa 1 mm breiter und ebensoviel hervorragender, wohlgerundeter Anheftungsstelle. Von ihr laufen radial sechs schmale, scharfe Rippen gegen die Peripherie, wo sie in 6 schwachen Knoten endigen; etwa in der Mitte ihrer Erstreckung tragen sie ebenfalls je einen fast ebenso starken Knoten. Die Rippen sind als Radialverlängerungen der Septen erst oberhalb der Basis erkennbar, gleich stark und in mehreren Reihen fein gekörnt. Von den 4 Zyklen ragen die Septen des ersten und zweiten über die anderen empor und sind untereinander gleich stark und hoch. Die Septen des dritten Zyklus sind kürzer und schwächer, jene des vierten fast ebenso lang, aber noch dünner. Alle Septen sind am Oberrande schwach gezähnt und an den Septenflächen mit gröberen Körnern als die Rippen besetzt, in Reihen, senkrecht zum Oberrand. Die Pali in zwei Kränzen sind schwach, radial-gestreckt, kaum von den Septen zu unterscheiden. Die Columella liegt sehr tief und ist infolge starker Inkrustation mit Glaukonitkörnern und Eisenverbindungen nicht leicht zu erkennen.

Die Art ähnelt am ehesten *Odontocyathus tatei* DENNANT aus dem Lutetien bis Oberoligozän von Australien und Neuseeland, unterscheidet sich aber von diesem durch schwächere, in zwei Reihen angeordnete Knoten, stärkeren Unterschied zwischen den Septen des ersten + zweiten Zyklus gegenüber den übrigen, und dem freien vierten Zyklus, während sich dieser bei der australischen Art mit dem dritten vereinigt.

Mit *O. japonicus* YABE & EGUCHI (1932, S. 151, Taf. 14, Fig. 1, Abb. 1—3) stimmen die Maße halbwegs überein, doch sind bei unserer Form die Knoten der Basalfläche und die Septen weit schwächer, und es sind nur vier Septenzyklen entwickelt, gegenüber fünf bei der japanischen Art.

Ein weiteres Exemplar, von dem nur eine Längshälfte vorliegt, hat 10 mm Durchmesser und eine Höhe von nur 7 mm. Die zwei Knotenreihen, die mehrreihig granulierten Rippen und die Septen mit der stärkeren Ausbildung der beiden ersten Zyklen sind gut erkennbar, das Innere ist dagegen vollständig mit Glaukonitkörnern erfüllt, so daß sich keine zusätzlichen Merkmale ergeben.

Man wäre geneigt, diese Form mit *O. sieberi* zu vereinigen, weil etwa bei *O. tatei* DENNANT oder *O. ixine* SQUIRES höhere und niedrigere Polypare bei derselben Art vorkommen. Aber sowohl die Knoten, 6 bei *O. sieberi*, 12 bei *O. minor*, wie die Ungleichheit der Septen, 6 stärkere bei *O. sieberi*, 12 bei *O. minor*, machen eine Zusammenziehung unmöglich.

Außer den beiden beschriebenen Stücken des Naturhistorischen Museums liegen noch einige kleine Bruchstücke vor.

Flabellum appendiculatum (BRONGNIART) BRONN

1823 (*Turbinolia appendiculata*) BRONGNIART, S. 83, Taf. 6, Fig. 17.
1889 (*Flabellum appendiculatum*) REIS, S. 158.
1923 (*Flabellum appendiculatum*) SCHLOSSER, S. 258, 278.
1925 (*Flabellum appendiculatum*) FELIX, S. 180. Ibid. Lit. Außerdem:
1953 (*Flabellum appendiculatum*) SIEBER, S. 366.
1961 (*Flabellum appendiculatum*) FLÜGEL, S. 93.
1964 (*Flabellum appendiculatum*) VAUDOIS-MIÉJA, S. 22.

Holotypus: Das von BRONGNIART, Taf. 6, Fig. 17, abgebildete Exemplar. Paris, Mus. nat. d'Hist. nat., Inst. de Pal.
Locus typicus: Roncà im Vicentin.
Stratum typicum: Obereozän.

Hoch-dreieckig, lateral-symmetrisch, nur manchmal leicht in der Richtung der kleineren Kelchachse gebogen, mit dünner Anheftungsstelle. Kelch schmal-oval, an den Schmalseiten zugeschärft, im untersten Dritten in kurze Septenfortsätze ausgezogen. Der Höhe nach feine Rippen (nach CHEVALIER 1961, S. 378, keine echten Rippen, sondern nur Fortsätze der Septen), manchmal davon 12 etwas stärker, von verfließenden Zuwachszonen gequert.

Einige Maße besser erhaltener Stücke in Millimeter, Basiswinkel in Graden:

Höhe	29	26	25	25	22	20	19	18	17	17	16	16	14	12
Längsdurchmesser	18	20	24	19	16	16	14	13	14	12	13	11	9	13
Querdurchmesser	13	10	11	11	11	9	8,5	10	9	7,5	9	9	6	11
Basiswinkel	52	50	72	50	52	70	62	50	62	50	65	50	50	55

Der Basiswinkel wird weiter oben enger, so daß die Form ogival wird. Die „trotz ihrer Variabilität charakteristische Form" (REIS 1889, S. 158) schwankt aber nur in der äußeren Form so stark, wie es obige Tabelle zeigt, der Innenbau ist ziemlich gleichmäßig. 12 Septen sind sehr kräftig, gerade und am Innenende kräftig verdickt; diese Innenenden verbinden sich oben seitlich, tiefer auch gegenüber und bilden so die Columella. Zwischen ihnen liegen die sehr dünnen, die Columella nicht mehr erreichenden Septen des dritten Zyklus.

Verbreitung: Bekannt aus dem Eozän und Oligozän von Deutschland (Reit i. W.), der Schweiz, von Italien und Frankreich. Das angebliche Vorkommen im Miozän (FELIX 1925, S. 180 u. a.) dürfte nur auf irrigem Weiterschleppen der alten, falschen Angaben von MICHELIN 1841, MICHELOTTI 1847 und SISMONDA 1847 beruhen, das bereits EDWARDS & HAIME 1848, S. 270, durch Aufstellung ihrer neuen, miozänen Art *F. asperum* revidiert hatten. Trotzdem führt z. B. ZUFFARDI-COMERCI 1932, S. 94, *F. appendiculatum* neben *F. asperum* aus dem Miozän der Colli die Torino an, ohne genaueren Fundort, ohne Beschreibung oder Abbildung, nur mit Berufung auf DE ANGELIS 1894, S. 101; dieser führte sie aber S. 261 (S. 101 nach der Paginierung des Separatums) ebenfalls ohne Beschreibung usw., nur von Roncà und Fossetta an, zitiert als Autoren nur BRONGNIART 1932 und REUSS 1969 und setzte die Art S. 277 ausdrücklich ins Eozän. Schon CHEVALIER 1961, S. 380, bezeichnete die Angabe von ZUFFARDI als „fort douteuse".

Von der Reingruberhöhe liegen 10 mehr oder minder gut erhaltene Exemplare vor.

III. Stratigraphische und ökologische Folgerungen

Allgemeine Ergebnisse waren von der Untersuchung eines so beschränkten und so schlecht erhaltenen Materials nicht zu erwarten. Nur zeigte sich, daß zwei stratigraphisch und ökologisch deutlich unterschiedene Korallenfaunen vorlagen:

	Waschberg	Reingr.-Höhe	\multicolumn{7}{c}{Sonstige Vorkommen[14]}	zeitl. Verbreitung[14]		
			1	2	3	4	5	6	7	M. E.	O. E.	O
Stylocoenia bistellata	+		+									
Actinacis spec.[15]	+		+	+						+	+	+
Favia costata	+		+							+		
Leptoria angigyra	+											
Leptoria reticulata	+											
Montastrea rudis	+											
Montastrea bachmayeri n. sp.	+											
Pattalophyllia cyclolitoides	+		+	+	+	+	+	+	+	+	+	
Pattalophyllia leymeriei	+			+						+		
Protrochocyathus pyrenaicus		+	+								+	
Paratrochocyathus thorenti		+	+								+	
Odontocyathus sieberi		+										
Odontocyathus minor		+										
Flabellum appendiculatum		+	+	+	+						+	+

Während die Korallen der Reingruberhöhe vom Obereozän bis ins Oligozän verbreitet sind, dagegen nicht im Mitteleozän, bleiben jene des Waschbergkalkes scheinbar auf das Mitteleozän beschränkt, wobei festzuhalten ist, daß diese als mit dem Untereozän identisch betrachtet werden muß, da keine eigene untereozäne Korallenfauna bekannt ist. Nur *Pattalophyllia cyclolitoides* geht bis ins Obereozän, und die Gattung *Actinacis* hat überhaupt eine weitere Verbreitung. Die stratigraphischen Ergebnisse stimmen mithin mit allem überein, was die neueren Untersuchungen an Nummuliten (BACHMAYER, PAPP) und Mollusken (SIEBER) besagen.

Nicht so eindeutig sind die Ergebnisse bezüglich der ökologischen Verhältnisse. Das Obereozän der Reingruberhöhe hat nur Einzelkorallen geliefert, aber nicht die für ruhiges Wasser bezeichnenden Dendrophylliden, sondern die kräftigeren Flabellen und Trochocyathiden; auch das Sediment zeigt durch gröberes Korn und Glaukonitbildung bewegtes Wasser und Sauerstoffgehalt an.

---

[14] 1 = Italien, 2 = Frankreich, 3 = Deutschland, 4 = Ungarn, 5 = Jugoslawien, 6 = Afrika, 7 = Asien. M. E. = Mitteleozän, O. E. = Obereozän, O = Oligozän.

[15] Die Gattung *Actinacis* hat eine weitere Verbreitung, vom Cenoman an, vgl. KÜHN 1924, S. 245.

Die so beliebten Spekulationen über Tiefe und Temperatur haben m. E. wenig Wert, da Einzelkorallen eine beträchtliche Tiefenverbreitung haben; man vergleiche nur die darauf bezüglichen Angaben in der neueren Literatur über rezente Flabellumarten (DURHAM, SQUIRES, WELLS, YABE & EGUCHI).

Jedenfalls beweist das Vorkommen von Einzelkorallen nicht, wie man vielfach heute noch glaubt, größere Tiefe; hier spielt auch die Verschiebung der biologischen Tiefenzonen durch andere ökologische Faktoren (H. SCHMIDT 1935) eine bedeutende Rolle. Im Falle der Reingruberhöhe dürfte sie durch die starke Sedimentation und damit Trübung des Wassers bewirkt sein.

Daß die untereozänen Riffkorallen des Waschbergkalkes auf seichtes, warmes, bewegtes und reines Wasser deuten, bedarf wohl keiner näheren Begründung. Neben ihnen sind nur die Pattalophyllien reichlicher vertreten, die, wenn auch Einzelkorallen, doch durch ihren kräftigen, technisch raffinierten Bau Widerstandsfähigkeit auch gegen stärkere Wasserbewegung verraten. Diese Verhältnisse spiegelt auch der rel. reine, nur glaukonitführende Waschbergkalk wider.

Palaeogeographisch interessant sind die eindeutigen Beziehungen der eozänen Korallenfaunen der Umgebung von Wien zum Süden und Südwesten, auffallend dagegen das Fehlen solcher zum näheren Osten und Südosten, obwohl die eozänen Korallenfaunen von Ungarn und Jugoslawien durch die schönen Untersuchungen von ALLOITEAU, KOCHANSKA-DEVIDÉ, KOLOSVARY, OPPENHEIM und PAVLOVEC gut bekannt sind.

Zusammenfassung

Die Eozänablagerungen Österreichs führen nur im Waschbergkalk (Untereozän) und im glaukonitführenden Sandstein der Reingruberhöhe (Obereozän) Korallen. Vom Waschberg (nördlich Wien) werden 9 Korallen beschrieben, darunter 4 seit REUSS 1848 fast unbekannte und eine neue: *Montastrea bachmayeri*, ferner 2 Pattalophyllien, die aber durch ihren kräftigen Bau ebenfalls auf bewegtes Wasser deuten. Von der Reingruberhöhe (nördlich Wien) werden nur 5 kleine Einzelkorallen beschrieben, davon 2 neue: *Odontocyathus sieberi* und *Odontocyathus minor*.

Nachwort

Schon während der Arbeit an vorliegender Revision wurde der Vorwurf erhoben, daß hier zuviel Zeit und Arbeit an einem ungenügend erhaltenen und daher auch stratigraphisch wenig wertvollem Material verschwendet werde. Aber es erschien dem Verfasser doch interessant genug, als Vorarbeit, später im Zusammenhang mit anderen Untersuchungen, die Entwicklung der Korallenfaunen in Europa bis zu ihrem völligen Rückzug aus dem heutigen Festland zu verfolgen. Eine ähnliche Fragestellung also, wie sie seinen Rudistenuntersuchungen zugrunde lag.

Literatur

ABICH, H.: Über das Steinsalz und seine geologische Stellung im Russischen Armenien. — Mém. Acad. Imp. (6) Sci. nat. et phys., 7, 61—150, 7 Taf. St. Petersburg 1857.
— Geologische Forschungen in den kaukasischen Ländern. II. Theil, Geologie des Armenischen Hochlandes, I, Westhälfte. — 479 S., 19 Taf., 5 Karten. Wien 1882.
D'ACHIARDI, A.: Corallari fossili del terreno nummulitico dell'Alpi Venete. — Mem. Soc. Italiana sci. nat., 2, Nr. 4. 53 S., 5 Taf. Milano 1866.
— Catalogo delle specie e brevi note. — Ibid., 8 S. Milano 1867.
— Corallari fossili del terreno nummulitico dell'Alpi Venete. — Ibid., 4, Nr. 1. 31 S., Taf. 6—13. Milano 1868.
— Coralli eocenici del Friuli. — Atti Soc. Toscana sci. nat., 1, 100 S., 16 Taf. Pisa 1875.
ALLOITEAU, J.: Contribution à la systematique des Madréporaires fossiles. — 462 S., 20 Taf. Centre nat. réch. sci. Paris 1957.
— Monographie des Madréporaires fossiles de Madagascar. — Ann. géol. de Madagascar, 25, 218 S., 38 Taf. Paris 1958.
BACHMAYER, F.: Bericht über Aufnahmsergebnisse im Jahre 1957: Die Haidhofschichten im Raume von Ernstbrunn und Asparn an der Zaya auf Kartenblatt Mistelbach. — Verh. Geol. Bundesanst., S. 293—294. Wien 1958.
— Bericht über Kartierungs- und Aufsammlungsergebnisse im Bereich der Waschbergzone auf Blatt Stockerau. — Verh. Geol. Bundesanst., S. 14 bis 17. Wien 1961.
BERNARD, H. M.: Catalogue of the madreporarian Corals in the British Museum (Natural History), Vol. IV. The family Poritidae, part I, The genus Goniopora. — 206 S., 14 Taf. London 1903.
— Dasselbe, Vol. V. The family Poritidae, part II, The genus Porites, 1: Porites of the Indo-Pazific region. — 303 S., 35 Taf. London 1905.
— Dasselbe, Vol. VI. Porites of the Atlantic and West Indies with the European fossil forms. — 173 S., 17 Taf. London 1906.
BITTNER, A.: Über zwei für den Nummulitenkalk von Stockerau neue Arten. — Verh. Geol. Reichsanst., S. 241—242. Wien 1892.
BRONGNIART, A.: Mémoire sur les terrains de sédiments supérieurs calcaréotrappéens du Vicentin et sur quelques terrains d'Italie, d'Allemagne etc., qui peuvent se rapporter à la même époque. — 86 S., 6 Taf. Paris 1823.

CATULLO, T. A.: Dei terreni di sedimento superiore delle Venezie e dei fossili Bryozoari, Antozoari e Spongiari. — 88 S., 19 Taf. Padova 1856.

CHEVALIER, J. P.: Récherches sur les Madréporaires et les formations récifales miocènes de la Méditerranée occidentale. — Thèse. 562 S., 26 Taf. Paris 1961.

DAINELLI, G.: L'Eocene friulano. — Mem. geografiche. 721 S., 56 Taf. Firenze 1915.

DENNANT, J.: Descriptions of new species of Corals from the Australian Tertiary. — Trans. R. Soc. S.-Australia., 23, p. 112—122, Taf. 2—3. Adelaide 1899.

DUNCAN, P. M. & WALL, G. P.: Notice of the geology of Jamaica, with descriptions of Eocene, Cretaceous and Miocene Corals. — Quart. Journ. geol. Soc., 21, S. 1—14, Taf. 1. London 1965.

FELIX, J.: Anthozoa eocaenica et oligocaenica. — Fossilium Catalogus, pars 28, S. 1—296. Berlin 1925.

FUGGER, E.: Der Untersberg. — Z. Deutsch & Österr. Alpenver., 11, S. 117 bis 197, Taf. 4—6. Wien 1880. (Darin „Geologische Skizze", S. 124—144, 1 geol. Karte, Taf. 5.)

GOETZINGER, G.: Neue Beobachtungen zur Geologie des Waschberges bei Stockerau. — Verh. geol. Reichsanst. 1913, S. 438—444. Wien 1913.

GLAESSNER, M. F.: Geologische Studien in der äußeren Klippenzone. — Jahrb. geol. Bundesanst., 81, S. 1—23. Wien 1931.

— Die alpine Randzone nördlich der Donau und ihre erdölgeologische Bedeutung. — Petroleum, 33, Nr. 43, S. 1—8. Wien 1937.

GOLDFUSS, G. A.: Petrefacta Germaniae, 1. 252 S., 70 Taf. Düsseldorf 1826.

GRILL, R.: Der Flysch, die Waschbergzone und das Jungtertiär um Ernstbrunn. — Jahrb. geol. Bundesanst., 96, S. 65—116, Taf. 3—4. Wien 1953.

— Geologische Karte der Umgebung von Korneuburg und Stockerau 1:50.000. — Geol. Bundesanst. Wien 1957.

— Geologische Karte des nordöstlichen Weinviertels 1:75.000. — Geol. Bundesanst. Wien 1961.

— Erläuterungen zur geologischen Karte der Umgebung von Korneuburg und Stockerau. — 52 S. Geol. Bundesanst. Wien 1962.

GUEMBEL, C. W.: Geognostische Beschreibung des bayerischen Alpengebirges und seines Vorlandes. — 950 S., 42 Taf. Gotha 1861.

HAUER, F. v.: Über die Eocengebilde im Erzherzogthume Österreich und Salzburg. — Jahrb. geol. Reichsanst., 9, S. 103—137. Wien 1858.

HEISSEL, W.: Beiträge zur Tertiär-Stratigraphie und Quartärgeologie des Unterinntales. — Jahrb. geol. Bundesanst., 94, S. 207—221. Wien 1951.

— Zur Geologie des Unterinntaler Tertiärgebietes. — Mitt. geol. Ges., 48, S. 49—70. Wien 1957.

JACOBSEN, W.: Über Eozänkalkgerölle von St. Michael und Leoben. — Verh. geol. Bundesanst. 1932, S. 60—63. Wien 1932.

JANOSCHEK, R.: Die Geschichte des Nordrandes der Landseer Bucht im Jungtertiär. — Mitt. geol. Ges., 24, S. 38—133, 1 Karte. Wien 1932.

Janoschek, R.: Das Tertiär. — Mitt. geol. Ges., 56, S. 319—360. Wien 1964.
Kahler, F.: Eocänkalkgerölle aus dem Jungtertiär und Diluvium Kärntens. — Anz. Akad. Wiss., math.-nat. Kl., S. 1—6. Wien 1938.
— Eozängerölle im Jungtertiär und Diluvium Kärntens. — Verh. Geol. Bundesanst., S. 173—180. Wien 1949.
Kochanska, V.: Eocenski Koralje i Hidrozoi Dubravici i Ostrovice u Dalmaciji. — Geol. Vesnik Geol.-rudarskog Instituta, 1, S. 48—67, Taf. 6. Zagreb 1947.
Kohn, V.: Geologische Beschreibung des Waschbergzuges. — Mitt. geol. Ges., 4, S. 117—142, Taf. 6. Wien 1911.
Kolosvary, G.: The eocene corals of the Hungarian Transdanubian province, 79, S. 141—242, Taf. 1—22. Budapest 1949.
Kühn, O.: Studien über die Poritidae der Kreideformation. — Z. österr. Mittelschulen, 1, S. 237—245, Taf. 1. Wien 1924.
— Ein Danienvorkommen in Niederösterreich. — Mitt. geol. Ges., 19, S. 37—40. Wien 1926.
— Die angebliche Gosau der Weiszbachwand am Untersberg. — Verh. geol. Bundesanst. 1939, S. 218—220. Wien 1939.
— Eine inneralpine Eozänfauna aus Niederösterreich. — Anz. Österr. Akad. Wiss., math.-nat. Kl., 94, S. 71—76. Wien 1957.
— Autriche. — Lexique Stratigraphique International, fasc. 8, 646 S., 1 Taf. Paris 1962.
Michelin, H.: Iconographie zoophytologique. — 348 S., 79 Taf. Paris 1840—1847.
Milne-Edwards, H. & J. Haime: Recherches sur les polypiers. — Ann. sci. nat. (3) 9, S. 37—89, Taf. 4—6, S. 211—344, Taf. 7—10. Paris 1848; 10, S. 65—114, Taf. 11, S. 209—320, Taf. 5—9. Paris 1849; 11, S. 233—312, Paris 1849; 12, S. 95—197. Paris 1949; 13, S. 63—110, Taf. 3—4. Paris 1850; 15, S. 73—144, Paris 1850; 16, S. 21—70. Paris 1850.
— Monograph of the British fossil Corals. — Paleontograph. Soc., (2) 1, LXXXV + 290 S., 72 Taf. London 1850—1854.
— Histoire naturelle des coralliaires. — 1, VIII + 326 S. Paris 1857; 2, 633 S., 31 Taf. Paris 1857; 3, 560 S. Paris 1860.
Oppenheim, P.: Die Priabonaschichten und ihre Fauna, im Zusammenhange mit gleichalterigen und analogen Ablagerungen. — Palaeontographica, 47, 348 S., 21 Taf. Stuttgart 1900—1901.
— Über einige alttertiäre Faunen der Österreichisch-Ungarischen Monarchie. — Beitr. Pal. Geol. Österr. usw., 13, S. 140—277, Taf. 11—19. Wien 1901.
d'Orbigny, A.: Note sur les polypiers fossiles. — Rev. Mag. Zool. (2) 1, S. 526—538. Paris 1849.
Osasco, E.: Contributio allo studio dei Coralli cenozoici del Veneto. — Paleontographia Italica, 8, S. 99—120, Taf. 8—9. Pisa 1902.
Papp, A.: Die Nummulitenfaunen vom Michelberg und aus dem Greifensteiner Sandstein. — Verh. geol. Bundesanst. 1962, S. 281—290. Wien 1962.

PAUL, C. M. & BITTNER, A.: 1894, vide STUR, D., 1894.
PAVLOVEC, R.: Zgornjaeocenska fauna iz okolice Drniša. — Prirod. Slovenska Akademija znanosti in umjetn., (4) 5, S. 351—416, Taf. 1—2. Ljubljana 1959.
PENECKE, K. A.: Das Eozän des Krappfeldes in Kärnten. — S. B. Akad. Wiss., math.-nat. Kl. I, 90, S. 327—371, Taf. 1—5. Wien 1884.
PETRASCHECK, W. E.: Einiges über die Geröllführung im inneralpinen Miozän. — Verh. geol. Bundesanst. 1929, S. 89—96. Wien 1929.
REIS, O. M.: Die Korallen der Reiter Schichten. — Geognost. Jahresh., 11, S. 91—162, Taf. 1—4. Cassel 1889.
REUSS, A. E.: Die fossilen Polyparien des Wiener Tertiärbeckens. — Haidinger's naturwiss. Abh., 2, S. 1—109, Taf. 1—12. Wien 1848 (Separata ausgegeben 1847).
— Die fossilen Korallen des österreichisch-ungarischen Miocäns. — Denkschr. Akad. Wiss., math.-nat. Kl., 31, S. 197—270, Taf. 1—21. Wien 1871 (Band 1872, Separata 1871 ausgegeben).
— Paläontologische Studien über die älteren Tertiärschichten der Alpen. — Denkschr. Akad. Wiss., math.-nat. Kl., 28, S. 129—181, Taf. 1—16. Wien 1868; 29, S. 215—298, Taf. 17—36. Wien 1869; 33, S. 1—60, Taf. 37—56. Wien 1872.
RICHTER, R.: Seiten-Priorität ist keine Priorität. — Senckenberiana, 33, S. 73—74. Frankfurt a. M. 1952.
ROTH v. TELEGD, L.: Umgebungen von Kismarton. — Erläuterungen zur geologischen Specialkarte 1:75.000 der Länder der Ungarischen Krone. 33 S. Budapest 1905.
— (TELEGDI-ROTH): Kismarton Videke. — Magyarazatok a Magyar Korona orszazamak res zlotos földtani Terkepehez 1:144.000, Bl. C—b. 56 S., 2 Taf. Budapest 1883.
RZEHAK, A.: Die Foraminiferenfauna der alttertiären Ablagerungen von Bruderndorf in Niederösterreich mit Berücksichtigung des angeblichen Kreidevorkommens von Leitzersdorf. — Ann. Nat. Mus., 6, S. 1—12. Wien 1891.
SCHAUROTH, C.: Verzeichnis der Versteinerungen im herzoglichen Naturaliencabinet zu Coburg. — 327 S., 30 Taf. Coburg 1865.
SCHLOSSER, M.: Revision der unteroligozänen Fauna von Häring und Reut im Winkel. — Neues Jahrb. f. Min. usw., Beil. — Bd. 47, S. 254 bis 294. Stuttgart 1923.
— Die Eocaenfauna der bayerischen Alpen. — Abh. Bayer. Akad. Wiss., math.-nat. Abt., 30, I. Unter- und Mitteleocaen, S. 1—206, 8 Taf.; II. Die Obereocaenfauna, S. 1—68. München 1925.
SCHMIDT, H.: Die bionomische Einteilung der fossilen Meeresböden. — Fortschr. Geol. Palaeont., 12 (38). 154 S. Berlin 1935.
SIEBER, R.: Eozäne und oligozäne Makrofaunen Österreichs. — S. B. österr. Akad. Wiss., math.-nat. Kl. I, 162, S. 359—376. Wien 1953.
SQUIRES, D. F.: The cretaceous and tertiary Corals of New Zealand. — Pal. Bull. New Zealand geol. Survey, 29, 107 S., 16 Taf. Auckland 1958.

STUR, D. (posthum redig. v. PAUL, C. M. & BITTNER, A.): Erläuterungen zur geologischen Specialkarte der Umgebung von Wien. — 59 S. Wien 1894.

TOULA, F.: Über Orbitoiden und Nummuliten führende Kalke vom Goldberg bei Kirchberg am Wechsel. — Jahrb. geol. Reichsanst., *29*, S. 123 bis 136. Wien 1879.

TRAUB, F.: Geologische und paläontologische Bearbeitung der Kreide und des Tertiärs im östlichen Rupertiwinkel, nördlich von Salzburg. — Palaeontographica, A *88*, S. 1—114, Taf. 1—8. Stuttgart 1838.

— Beitrag zur Kenntnis der miocänen Meeresmolasse ostwärts Laufen a. d. Salzach, unter besonderer Berücksichtigung des Wachtbergkonglomerats. — Neues Jahrb. f. Min., usw., Monatsh. B, 1945—1948, S. 53—71, 161—174. Stuttgart 1948.

TRAUTH, F.: Das Eozänvorkommen von Radstadt im Pongau und seine Beziehungen zu den gleichaltrigen Ablagerungen bei Kirchberg am Wechsel und Wimpassing am Leithagebirge. — Denkschr. Akad. Wiss., math.-nat. Kl., *95*, S. 1—108, Taf. 1—5. Wien 1918.

VAUDOIS-MIÉJA, N.: Les especes nummulitiques attribuées au genre Trochocyathus. — Ann. de Pal., *50*, S. 113—163, Taf. 15—18. Paris 1964.

WELLS, J. W.: West Indian Eocene and Miocene Corals. — Mem. geol. soc. America, Mem. *9*, 2. 19 S., 3 Taf. Baltimore 1945.

YABE, H. & EGUCHI, M.: Notes on a fossil turbinolian coral, Odontocyathus japonicus nov. sp., from Segoe, near Takoaka-Machi, Province of Hjuga. — Jap. Journ. Geol. Geogr., *9*, S. 149—152, Taf. 14. Tokyo 1932.

ZLATARSKI, V.: Sur Stylocoenia taurinensis (Michelin), Madréporaire du Tertiaire mediterranéen. — Ann. Univ. Sofia, *56*, S. 61—71, Taf. 1—5. Sofia 1963.

ZUFFARDI-COMERCI, R.: Corallari oligocenici e miocenici della Somalia. — Pal. Italica, *32*, Suppl. 2, S. 265—301, Taf. 1. Pisa 1937.

Tafelerklärung

Tafel 1

Fig. 1. *Stylocoenia bistellata* (CAT.), Steinkern auf *Montastrea rudis*. Waschberg. Inv.-Nr. 1966 — 680 — 1 (5×).

Fig. 2. *Leptoria reticulata* (REUSS), Arttypus. Steinkern. Waschberg. Inv. Nr. 1966 — 680 — 8 (Nat. Gr.).

Fig. 3. *Leptoria angigyra* (REUSS), Arttypus. Steinkern. Waschberg. Inv. Nr. 1966 — 680 — 5 (Nat. Gr.).

Fig. 4. *Favia costata* (D'ACHIARDI), Steinkern. Waschberg. Inv.-Nr. 1966 — 680 — 7 (Nat. Gr.).

Fig. 5. *Montastrea rudis* (REUSS), Arttypus. Waschberg. Inv.-Nr. 1966 — 680 — 4 (Nat. Gr.).

Fig. 6. *Leptoria angigyra* (REUSS), Steinkern, etwas abweichend. Waschberg (Nat. Gr.).

Eozänkorallen aus Österreich

Tafel 2

Fig. 7. *Montastrea bachmayeri* nov. spec., Steinkern angeschliffen. Waschberg. Inv. Nr. 1966 — 680 — 3 (2×).
Fig. 8. *Montastrea rudis* (REUSS), selbes Stück wie Taf. I, Fig. 5, angeschliffen (2×).
Fig. 9. *Montastrea bachmayeri* nob. spec., Arttypus. Steinkern. Inv. Nr. 1966 — 680 — 2 (2×).
Fig. 10. *Pattalophyllia cyclolitoides* (BELL.) OPPENH., Steinkern, seitlich im Gestein. Inv. Nr. 1966 — 680 — 11 (Nat. Gr.).
Fig. 11. *Montastrea rudis* (REUSS), Steinkern. Inv. Nr. 1966 — 680 — 15 (4×).

Tafel 3

Fig. 12. *Pattalophyllia leymeriei* (MICH.) OPPENH., ausgewitterter Steinkern. Inv. Nr. 1966 — 680 — 10 (2×).
Fig. 13. *Pattalophyllia leymeriei* (MICH.) OPPENH., Steinkern im Kalk mit Foraminiferen. Waschberg. Inv. Nr. 1966 — 680 — 9 (2×).
Fig. 14. *Trochocyathus (Protrochocyathus) pyrenaicus* (MICH.), höherer Querschliff. Reingruberhöhe. Inv. Nr. 1966 — 680 — 16 (3,5×).
Fig. 15. *Pattalophyllia cyclolitoides* (BELL.) OPPENH., Steinkern von der Unterseite. Waschberg. Inv. Nr. 1966 — 680 — 6 (5×).

Tafel 4

Fig. 16. *Trochocyathus (Protrochocyathus) pyrenaicus* (MICH.), tieferer Querschliff. Reingruberhöhe. Inv. Nr. 1966 — 680 — 16 (4×).
Fig. 17. *Trochocyathus (Protrochocyathus) cf. elongatus* (E. & H.) VAUDOIS-MIÉJA. Querschliff. Haidhofschichten (5×).
Fig. 18. *Trochocyathus (Paratrochocyathus) thorenti* (D'ORB.) VAUDOIS-MIÉJA. Querschliff. Reingruberhöhe. Inv. Nr. 1966 — 680 — 12 (1,5×).
Fig. 19. *Odontocyathus sieberi* nov. spec., Arttypus von oben. Reingruberhöhe. Inv. Nr. 1966 — 680 — 13 (Nat. Gr.).
Fig. 20. Dasselbe Stück von der Seite (2×).
Fig. 21. Dasselbe Stück von unten (2×).
Fig. 22. *Odontocyathus minor* nov. spec., Arttypus von der Seite. Reingruberhöhe. Inv. Nr. 1966 — 680 — 14 (2×).
Fig. 23. Dasselbe Stück von unten (2×).

Die Originale zu Fig. 1—15 stammen vom Waschberg bei Stockerau (Untereozän), zu Fig. 17 aus den Haidhofschichten (unteres Mitteleozän), zu Fig. 16 und 18—23 von der Reingruberhöhe bei Ernstbrunn (Obereozän). Typen und Originale im Naturhistorischen Museum (geolog.-paläontolog. Abteilung) in Wien.

Photos: Prof. Dr. F. BACHMAYER, Naturhistorisches Museum Wien.

Zu: O. Kühn, Eozänkorallen aus Österreich Tafel 1

Tafel 2

Zu: O. Kühn, Eozänkorallen aus Österreich
Tafel 3

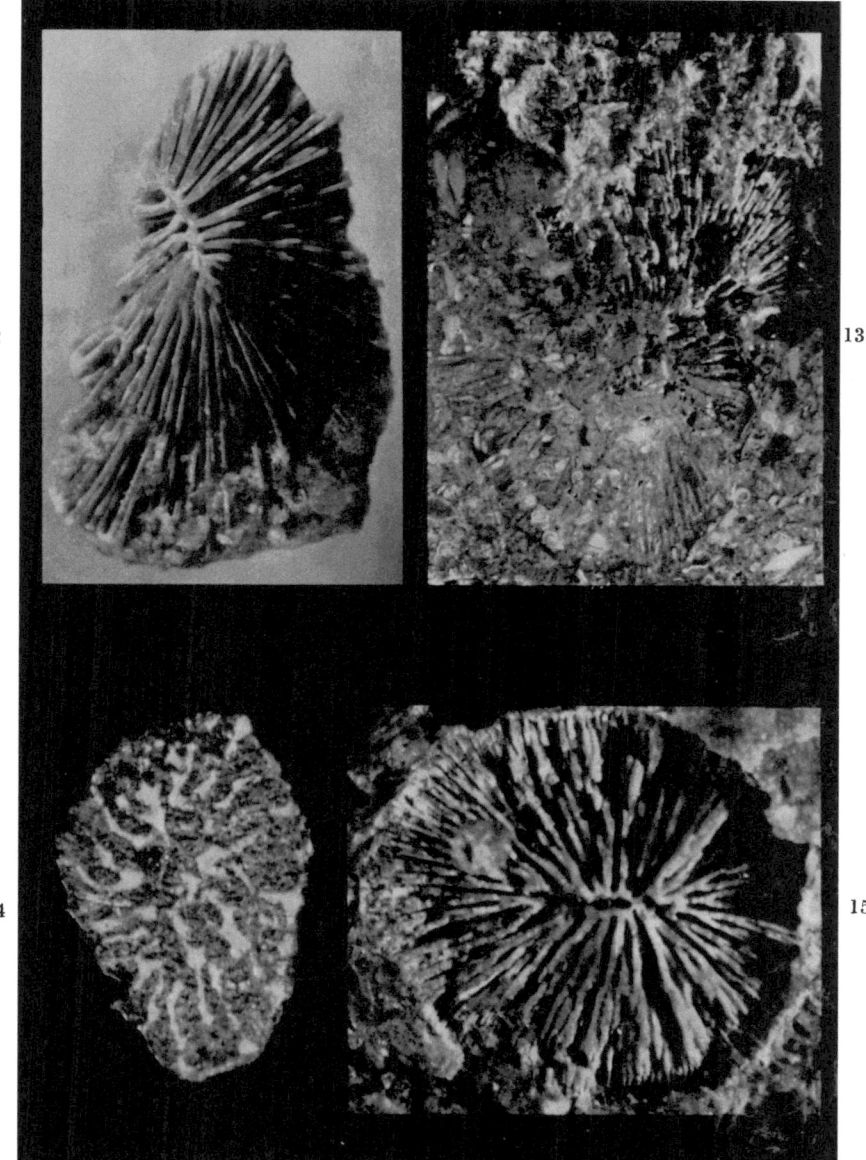

Zu: O. Kühn, Eozänkorallen aus Österreich Tafel 4

1960 (S I Bd. 169):

Bachmayer F., Insektenreste aus den Congerienschichten (Pannon) von Brunn-Vösendorf (südl. von Wien), Niederösterreich (mit 2 Tafeln und 8 Abbildungen). S 8.30

Schaffer H., Interessante obereozäne Echinidenarten aus Bruderndorf (Niederösterreich) und Oberitalien (mit 7 Textabbildungen). S 11.—

1961 (S I Bd. 170):

Bachmayer F., Neue Insektenfunde aus dem österreichischen Tertiär (Brunn-Vösendorf bei Wien und Weingraben im Burgenland) (mit 2 Textabbildungen und 4 Tafeln). S 170—9. S 13.60

Bernhauser A., Zur Knochen- und Zahnhistologie von Latimeria chalumnae Smith und einiger Fossilformen (mit 17 Textabbildungen). S 170—6. S 19.40

Ehrenberg K. und Ruckensteiner E., Bericht über Ausgrabungen in der Salzofenhöhle im Toten Gebirge XIII. Paläopathologische Funde und ihre Deutung auf Grund von Röntgenuntersuchungen (mit 10 Tafeln). S 170—23. S 39.—

Flügel E., Bryozoen aus den Zlambach-Schichten (Rhät.) des Salzkammergutes, Österreich (mit 3 Textabbildungen und 3 Tafeln). S 170—25. S 20.—

Rutsch R. F. und Steininger F., Eine neue Pecten-Art aus dem Typus-Profil des Helvétien südlich von Bern (Schweiz) (mit 4 Textabbildungen und 1 Tafel). 170—10. S 18.—

Schaffer H., Brissus (Allobrissus) miocaenicus, eine neue Echinidenart aus dem Torton Mühlendorf (Burgenland) (mit 1 Textabbildung und zwei Tafeln). S 170—8. S 13.20

Zapfe H., Ergebnisse einer Untersuchung der Austriacopithecus-Reste aus dem Mittelmiozän von Klein-Hadersdorf, NÖ., und eines neuen Primatenfundes aus der Molasse von Timmelkam, OÖ. S 170—7. S 9.30

1962 (S I Bd. 171):

Schmid Manfred, E., Die Foraminiferenfauna des Bruderndorfer Feinsandes (Danien) von Haidhof bei Ernstbrunn, NÖ. 171—18. S 86.—

1963 (S I Bd. 172):

Flügel Helmut, Algen und Problematica aus dem Perm Süd-Anatoliens und Irans (mit 11 Abbildungen auf 2 Tafeln). Smn 172—1. S 20.

Flügel Erik, Revision der triadischen Bryozoen und Tabulaten (mit 3 Tabellen im Text). Smn 172—21. S 40.—

Kristan-Tollmann Edith, Holothurien-Sklerite aus der Trias der Ostalpen (mit 2 Textabbildungen und 10 Tafeln). Smn 172—25. S 52.—

1964 (S I Bd. 173):

Andreánsky G., Zur Floren- und Vegetationsgeschichte des ungarischen Tertiärs (mit 6 Textabbildungen). Smn 173—31. S 22.—

Benkö-Czabalay L., Die obersenone Gastropodenfauna von Sümeg im südlichen Bakony. Smn 173—10. S 43.—

Kristan-Tollmann Edith, Holothurien-Sklerite aus dem Torton des Burgenlandes, Österreich (mit 9 Tafeln). Smn 173—8. S 50.—

Kunz Bruno W. L., Die Fauna der Neuhauser Schichten von Waidhofen/Ybbs, NÖ. (Dogger, Klippenzone) (mit 2 Tafeln und 4 Textabbildungen) Smn 173—27. S 54.—

Macarovici N. und Paghida N., Ein Endocranialausguß von Hipparion sebastopolitanum aus dem Sarmat von Paun-Jasi (Rumänien) (mit 4 Tafeln und 4 Textabbildungen). Smn 173—26. S 28.—

Muckenhuber Leopoldine, Miozän-Korallen des Wiener Beckens (mit 1 Tafel). Smn 173—29. S 20.—

Udin Ardhi Rahman, Die Steinbrüche von St. Margarethen (Burgenland) als fossiles Biotop, I. Die Bryozoenfauna (mit 2 Tafeln). Smn 173—33. S 61.—

1965 (S I Bd. 174):

Kühn Othmar, Korallen aus dem Helvetien von Österreich, mit geologischen Beiträgen von F. Steininger und O. Schultz (mit 2 Tafeln). 174—25. S 76.—

MIX
Papier aus verantwortungsvollen Quellen
Paper from responsible sources
FSC® C105338

If you have any concerns about our products,
you can contact us on
ProductSafety@springernature.com

In case Publisher is established outside the EU,
the EU authorized representative is:
**Springer Nature Customer Service Center GmbH
Europaplatz 3, 69115 Heidelberg, Germany**

Printed by Libri Plureos GmbH
in Hamburg, Germany